超级大课堂

CHAOJI DAKETANG

畅销版
课外阅读系列

未来科技不神秘

WEILAI KEJI BU SHENMI

知识达人 编著

U0335753

成都地图出版社

图书在版编目（CIP）数据

未来科技不神秘 / 知识达人编著 . — 成都 : 成都
地图出版社 , 2017.1（2022.5 重印）
（超级大课堂）
ISBN 978-7-80704-984-5

Ⅰ . ①未… Ⅱ . ①知… Ⅲ . ①科技发展—世界—青少
年读物 Ⅳ . ① N11-49

中国版本图书馆 CIP 数据核字 (2016) 第 080336 号

超级大课堂——未来科技不神秘

责任编辑：马红文
封面设计：纸上魔方

出版发行：成都地图出版社
地　　址：成都市龙泉驿区建设路 2 号
邮政编码：610100
电　　话：028 - 84884826（营销部）
传　　真：028 - 84884820

印　　刷：三河市人民印务有限公司
（如发现印装质量问题，影响阅读，请与印刷厂商联系调换）

开　　本：710mm×1000mm　1/16
印　　张：8　　　　　　字　　数：160 千字
版　　次：2017 年 1 月第 1 版　印　次：2022 年 5 月第 5 次印刷
书　　号：ISBN 978-7-80704-984-5
定　　价：38.00 元

前　言

　　为什么收音机会发出声音？为什么飞机能在天上飞？为什么火车要在铁轨上前行？为什么照相机能拍照？最酷的科技武器有哪些？最先进的治疗仪器有哪些？航天飞机是怎么到达太空中的？机器人是怎么行动的？生活中有太多孩子们解释不了的为什么，因为我们的生活被高科技环绕着，高科技渗透到生活的方方面面。本书致力于增强孩子们的科技知识，提高学习科学技术的浓厚兴趣，用最浅显通俗的语言、最幽默风趣的插图，让小朋友们在哈哈一乐中轻松获得知识，真正理解高科技。全套图书内容丰富，涵盖面广，涉及航天、电子、军事、天文、医疗、生物等多个知识领域。全书以独特的视角，为孩子们营造了一个超级广阔的科技阅读空间。

　　让我们现在就出发，一起到科技的王国探秘吧！

目录

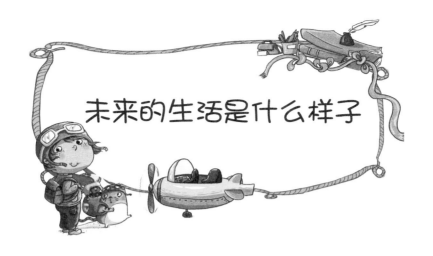

未来的生活是什么样子

　　小朋友们，你们喜欢现在的生活吗？有没有幻想过我们未来的生活将会是什么样子呢？我们知道，对于未来，人们总是充满无限遐想，即便这样，我们也不知道未来世界的真正模样，而只能通过电视、网络、电影、小说等媒体去观看未来，去揣度未来未知的世界。或许小朋友们有时候也会想，那些稀奇古怪的发明将来会不会出现在我们未来的生活中呢？要是真的会出现，那电影中的情景，就会成为我们未来生活中再寻常不过的片断了。

虽然信息技术在今天已经改变了我们的生活方式，让我们的生活越来越便捷舒适，并深深影响了世界的发展潮流，但是人类发明创造的脚步并没有停止，并且我们还对信息技术的未来怀有更多更美好的期盼。科技发展的奇迹让我们与全世界的人随时取得联系，不再受到时间空间的限制，交流变得十分的迅速频繁；地球变成了"地球村"，五湖四海皆朋友；各种数字媒体，比如博客、电子邮件、即时聊天通讯工具等，也会帮助人们在网络中找到与自己兴趣相投、志同道合的人。

我们人类可以通过学习进入计算机的世界，但计算机却不能进入人的思维世界。计算机是没有"智慧"的，它不知道操纵它的人是谁，也不关心周围的环境的变化趋势，只要给它通上电源，按照程序发出指令，它就会按照人类的要求去工作。随着科学技术的发展，人类已不满足于通过操作键盘和鼠标发出指令的方

式来操控计算机，科学研究者试着通过身体动作或声音，甚至一个简单的眼神来操控计算机，无须使用任何手柄或键盘发出命令。在未来，科技的目标是让计算机与人进行更加方便快捷的交流，就像人与人之间那样自如地沟通，只需通过自己的语言、肢体动作和感情就能完成人类与计算机之间的互动。

在未来的世界里，你的一天也许会是这样度过的：早晨不用再担心因为起床太晚会上班迟到，因为你的机器人小秘书会准时叫你起床，然后为你准备一份美味的早餐；你也不用担心路上会堵车，因为那时候天空中穿梭着个人飞船，可以在宽广的领空中飞行，转眼间就会飞到公司门口；路边的咖啡店里将会摆放很多可以免费使用的电脑，只要输入你的专用账号，电脑就能通过网络把你的电邮、日程安排和所需要的文件统统清点出来，即使你行走在路上，一些文件也可以通过手机或便携式电脑来进行处理；你的办公环境也与现在完全不同，你不会再看到纸制品出现，也不会再担心外界噪音打扰你工作，而且如果你看厌了办公室的布局，你可以通过电脑亲自去设计，按下"保存"的按钮，你想要的布局会立刻出现在你眼前，甚至如果你愿意，你还可以随时点一杯咖啡。

更神奇的是，通过汗液分析传感器、无线通信设备和心脏监测手表，人类可以轻松掌握自己的健康状况。你的生命体征、饮食摄入、精神状态甚至是你的个人习惯都会自动存储在计算机里。在未来，个人的隐私显得格外重要，这些数据除了你自己之外没有人会看到，所以不用担心你的隐私会泄露。

小朋友们，你是不是很期待生活在这样的世界中？科技可以帮助我们将理想变成现实，但是就需要科学家们长时间的努力研究。如果我们想要早点进入这样的生活，小朋友就要认真学习科学文化知识，树立远大的理想，这样的生活不仅需要科学家的努力，更需要我们大家共同的努力，相信这一天很快就会到来的。

生活教练

所谓生活教练，就是帮助人们在生活中提高生活能力，获得更好的生活质量，或者给予受助者其他帮助的专业人士。这个新兴职业最早兴起于美国，后来在全世界范围内广为流传，近几年在我国开始普及。生活教练要与受助者进行面对面的交流，根据受助者的个人情况进行评估和分析，给予建议，并且制定详细的实施计划，在整个过程中不断指导，直到计划的全面实施。生活教练会帮助你发掘自身的潜力，鼓励你克服困难走向成功。在21世纪，生活教练将是一个充满无限前景的工作。生活教练是朋友，是伙伴，是知己也是严师，它在人们生活中必将渐渐扮演越来越重要的角色。

职业营养师

为了适应社会健康的发展，职业营养师开始出现。虽然这个新职业是近年来刚刚出现在我们的生活中，并且被人们所知道，但是这个职业却有悠久的历史，最早出现在我国古代，在周朝的时候被称为"食官"。职业营养师可以在饮食、预防疾病等方面对人们进行专业指导，帮助人们改掉不良的饮食习惯和预防慢性疾病。想要成为职业营养师可并不简单，必须要经过严格的考试和培训，同时需要获得相当丰富的实习经验，才能上岗。

"火星移民"的畅想

　　小朋友们，你们听说过火星吗？想知道对火星的研究进展会给我们的未来生活带来怎样的变化吗？科学家们已经对火星进行了一系列的科学研究，并且对"火星移民"的可行性也做出了大胆的猜想和尝试。

　　要知道，火星虽然和我们的地球一样，同是太阳系中的一员，但火星目前严酷的自然环境是不适宜人类居住的。小朋友们应该都知道，在没有氧气的环境下人类是根本无法生存下去的。火星大气层的主要成分是二氧化碳，其次是氮和氩，还有少量的氧和水蒸气，火星

大气层中的含氧量非常低，无法满足人类的最低需要。而且火星的气温很低，昼夜温差甚至能达到120摄氏度。不仅如此火星表面的大气压强与地球相比能低出好几倍，人类在此环境中，不借助外力无法存活。

地球生命对生存环境的要求相当严苛，它必须具备适当的温度、气压和成分固定的空气，还要有水和能够阻挡来自宇宙的紫外线辐射的臭氧层或类似物质，还有很多其他的因素。想要让地球上的生命生存，这些因素缺一不可。通过上面的介绍我们知道，在火星这样严苛的环境中人类是无法生存的，众多的科学研究表明：目前火星上是不存在生命的。

虽然人类至今还没有到过火星，但是要知道人类探索未知世界的努力却从来没有停止过。在人类进行航天计划的同时，很多权威的科学家也提出了对"火星移民计划"的看法。想要进行火星移民，就要通过一定的改造，把火星的环境"整改"成类似地球的样子。那么改造火星的环境，有什么方法呢？

第一个方法，就是升高火星表面的温度，使这个寒冷的星球变得暖和起来。有科学家提出，在太空中架设巨大反射或折射镜群的方法，将太阳的光线反射到火星的表面。这个方法可以制造"巨大的温室效应"，融化火星上的冰冻物质，从而使得火星的地表温度提高。

第二个方法，就是增加火星大气中氧气的含量，有了氧气，人和动植物才能生存，同时也可以增加火星的地表温度和气压。

火星地

第三个方法，是要把火星的地下冻水层溶解，把液态水引向地表。想要在火星生存，可循环的水圈是必不可少的。

　　第四个方法，就是在火星的表面种植合适的植物，这样可以吸收火星大气中的二氧化碳，并且释放出氧气。有了氧气，人类才可以做移民的准备。

　　第五个方法，是在火星的地表上种植固沙菌类植物，这样可以有效地防止沙暴的发生，还可以生成土壤，扩大人类在火星的居住面积。

　　小朋友们，我们人类一直有去星际旅行的美好幻想，科学家们也为我们提出"移民火星"的美好愿望，但是要真正实现，看起来似乎还很遥远。在科学家们不懈努力下，相信人类最终一定可以解除束缚，改造火星并且建造成适合人类居住的环境，只有实现了"火星地球化"以后，人类才能真正实现"火星移民"的愿望。

八大行星

小朋友们，你们知道吗？火星和我们生活的地球一样，也是太阳系八大行星之一，是太阳系由内往外数的第四颗行星，属于类地行星。它的直径大约为地球的一半，自转轴倾角、自转周期与地球均相近，但是公转一周的时间为地球公转时间的两倍。火星跟地球一样，也有多种多样的地形，比如高山、平原和峡谷等，但是火星因为是沙漠行星，所以地表覆盖着沙丘和砾石。火星的南北半球地形也有强烈的对比，北半球是被熔岩填平的低地，南半球却是充满陨石坑的高地，分隔两者的是明显的斜坡。

火星移民

"20年后，人类就可能移居到火星上了。"这是美国的一个叫作《宇宙学》杂志的大胆猜测。根据文中设想：移居到火星上的地球人将会永远地生活在火星上，相当于有去无回，不会再有"回程票"。虽然是这样，但是踊跃报名的人还是非常多。不过想要成为火星移民也并非那么简单，报名的志愿者必须具有健康的身体和心理状况，同时也必须是大学毕业并且具有专业知识的年轻人。被选为火星移民的志愿者会在火星上定居，无法再返回地球，地球将作为基地定期给他们发放生活必需品、药品、食物、饮用水和娱乐用品。

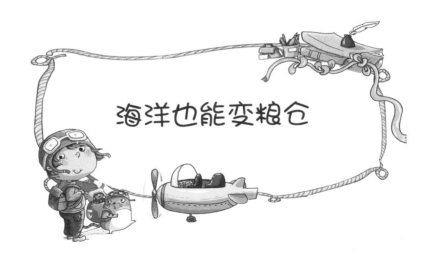

海洋也能变粮仓

小朋友们，你们喜欢海洋吗？或许你们不知道，在我们的地球表面有70.8%的面积是被浩瀚的海洋覆盖着的，所以地球还有"水球"之称。因为海洋为我们提供了丰富的鱼类、藻类等各种食物，满足了人类的需求，所以科学家们预言海洋将是人类的"未来粮仓"。

广阔的海洋是人们一直向往的待开发地之一，因为海洋鱼类种类繁多，矿产资源丰富，尤其是食物来源广泛，其中的海藻和丰富的浮

70.8%

游生物以及众多的海洋生物等可以提供人体所需的蛋白质，所以备受科学家们的关注。为了解决人口不断增长的问题，也为了缓解地球人口过多而食物却逐渐减少带来的压力，科学家独辟蹊径，将海洋看作人类未来的巨大的粮仓。

在近海水域，自然生长的海藻产量是相当惊人的，如果把它的年产量和目前世界所产小麦总产量相比，前者相当于后者的15倍以上，如果人类可以将这些藻类加工成食物，数量可是相当惊人。科学家们发现，这些海藻在经过加工后可获得蛋白质、维生素等多种人体所需的物质。

为了能够把这些海藻转化为食物和养料，科学家们为此做了一系列的规划：

在海洋的浅水区域，藻类植物因为太阳光容易穿透海水所以有利

于进行光合作用，有利于藻类植物的生长。到了收获的季节，可以通过水下机械收割，经过特制的海底管道输送出海面，再经过加工，人们便可以得到能够食用的蛋白质、维生素等制品。大量养殖的海藻和海草，不仅可以给人类提供食物，还可以用来作为陆地上的牛、猪、羊等家畜的饲料。

在海洋的深海区域，科学家们设想在一定范围内设置一个"超级生产平台"，把海藻移植在这个生产平台上，再放到水下几十米深处。这个平台的功能远远不只是移植海藻，还可以安装太阳能发电厂、海洋资源综合加工厂和居民生活区等。

人们将更有效地从海洋中取得更多财富，开发海洋的新时代已经到来。科学家们正在筹划建立海底田园和海底牧场，在随后的日子里将进行由"耕田"到"耕海"的逐渐过渡，全新的农业生产方式即将

主导我们的生活。随着科学家研究的不断推进，未来的海底牧场将比陆地上的农牧场更加出色。

科学家们对海洋的开发已经取得了令人瞩目的成就，海洋的不可估量的开发潜力一旦被合理地开发利用，将会为我们提供越来越多的食物。随着科学技术的发展，未来海洋成为"第二粮仓"的日子指日可待。

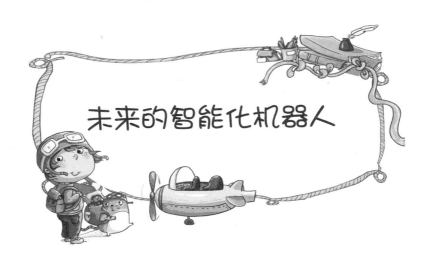

未来的智能化机器人

小朋友们，你们看过科幻电影《星球大战》吗？这部电影为我们讲述的是两个机器人的全新生活：电影中的机器人不仅会走路，而且还可以跟人交流，具有高度的智能。它们代表着未来一代类人机器人，这种类人机器人相比以往的机器人更加智能化，它们和人类本身的能力和习惯也更加接近。

当然我们也知道，目前机器人的智能化水平还远远达不到电影中

的机器人的水平，但科学家们相信，智能机器人的发展前景相当乐观，甚至有人大胆预测：在不久的将来，这种机器人是能够被设计出来并且应用到人们生活当中去的。如今会走路的机器人、会说话的机器人都已经设计出来，但是若要让它们走路说话，必须要计算机的配合才能实现，它们还没有实现全智能化。

　　未来的智能化机器人所要达到的最终目标，就是拥有视觉、听觉以及在现实生活中具有解决问题的能力。这些智能化机器人在未来将会被用于各个领域：比如工业生产。智能型工业机器人的加入能够提高生产效率、产品质量和作业安全性，并增加产品的种类。有了智能化机器人，粗制滥造的产品将不复存在。在未来，只有拥有智能型工业机器人，制造产业的高附加值、高创新性才能够保证，制造业的整体水平才能够大幅度提升。

　　在医疗器械产业中，机器人对医疗器械的生产水平显著提高起着

重要的作用。未来的智能化机器人会更多地辅助医生做手术，提高动作的稳定性、精确度和灵活性。

在电子行业中，智能化机器人势必引领电子产品的未来，机器人将会成为一种普遍的家用电子产品。它不仅适用于老人和小孩的特殊护理，也会成为日常家庭劳动的重要帮手。

在科学实验领域，智能机器人将代替人类去危险的环境中作业，比如去太空、深海、地下深处等不适宜人类作业的特殊环境，只需要给它足够的能源然后发出指令，这些智能机器人就会按照指令执行任务，为人类的科学实验作出贡献。

智能机器人在未来的舞台上大展拳脚的机会将会越来越多,好多我们未曾听说过的工作也会应运而生,比如宇宙超远空间探索、深海超强压力空间探索等。不久的将来,各式各样的机器人都会出现,比如语音机器人、特种机器人、纳米机器人、微操作机器人、智能交通机器人、医疗机器人、政务客服机器人以及幼教机器人等,所有这些机器人都将以各自的魅力影响着人类世界,机器人的智能化已成为时代生活中的必然趋势。

智能机器人

智能机器人，不仅具备了发达的"大脑"，还具备了内部信息传感器和外部信息传感器，它可以像人类一样具有视觉、听觉、触觉、嗅觉。除了具有感受器外，智能机器人还装有效应器。有了效应器，智能机器人将会像人类一样行动起来灵活自如，就连鼻子耳朵都会动起来。智能机器人可以与人类进行交流，它能听懂人的语言并且进行分析，甚至具有理解和思维能力。当然所有这一切都是由计算机完成的。想要制造出和人一样的机器人当然是不可能的，但是未来制造的智能机器人却可以最大限度地接近人类的智能，代替人去完成我们完成不了的工作，帮助人们建造美好的家园。

机器人医生

你知道吗？一个计算机专家和一个内科专家共同设计出了机器人"科达"医生，它可以根据病人的病情和症状，精准地作出诊断，并且还附带诊断原因。

在实验中我们可以发现：机器人"科达"医生，做出诊断比一般的医生做出同样的诊断，时间更短，准确率更高。比如有一个病人去医院就诊，他的脸色看上去非常难看，并且呼吸急促，"科达"很快就断定这个病人是心脏病发作，随后立刻给出就诊意见。

19

未来的智能化手表

小朋友们，你有自己的手表吗？除了显示时间，你的手表还有其他的功能吗？你们有没有幻想过未来的手表将会是什么样子呢？人们对未来手表的设计已经不只限于显示时间这一单一的功能了，复合功能的新式手表已经展现优势。

现在，科学家们已经抛开传统的手表制作模式，设计出了更符合

现代人需要的智能新式手表。虽然现在已经研究出了有许多复合功能的手表，比如计算机手表、电视手表、照相机手表、自卫手表、词典手表等，但是在未来这些手表并不能算作是智能手表，最多只能算是功能性手表。不过这些功能型手表还没有完全的智能化，但是这为今后手表的智能化发展提供了研究的基础和操作的经验。

根据人们的实际生活经验，科学家们对手表的功效提出了更高的设计要求：

未来的智能手表，不能仅仅含有计算、计时、记录等最基础的功能，还要有连接网络的功能，因为要想实现真正地智能化，就要与计算机和网络相连接。智能手表可以无线上网，当你在用计算机上网的时候，你所浏览的内容会在你的智能手表上同步显示。

未来的智能化手表要有紧急呼救的功能，手表内的微型发射机与固定的信号接收机能够互相发送指令，当我们外出迷路或者遇到紧急事故时，只要按一下表上的特殊按钮，远处的接收机就会接收到信息，并立即取得语音联系。

　　未来的智能化手表还可以帮助我们学习，会成为我们学习外语的老师，我们可以直接与它进行交流，它可以听懂多国语言，并且会应答自如。它就像是我们的好伙伴，在我们在遇到困难的时候可以向它咨询。

　　或者，未来的智能化手表可以直接代替我们的手机或者电脑，虽然小巧可功能强大，使用方便。在电脑上完成的工作，同样可以在我们的智能手表上完成。我们可以直接用语音控制它，省去使用键盘和鼠标的麻烦。

　　所以，在未来的世界里，这些各具特色的手表会使我们的生活更加方便，更加的丰富多彩。虽然现在已经研究出了许多智能手表，但是因为价格昂贵，还不能被大众所接受。不过我们相信：只要凭借科学家们聪明的头脑，再加上批量化的生产技术，在不久的将来，我们每个人都会拥有一块智能化手表。

 **你知道吗？**

最早的手表

世界上关于手表的最早记录是在距今大约200年前。1806年，约瑟芬——拿破仑挚爱的妻子为王妃特别定做了一块手表。这块手表虽然外形美观，制作精良，不过，在当时充其量还只是女人的装饰品。因为，那时社会上普遍流行的是代表男人的身份和地位的怀表。一直到1885年，德国海军向瑞士的钟表匠订购大批手表，给德国海军佩戴开始，手表的实用性才被世人肯定，手表也为此受到人们的追捧，逐渐普及，正式登上了人类历史的舞台。

智能手表

美国一家公司不久前发布了一款全新的智能手表，它可以通过蓝牙与你的手机连通，只要有电话、短信进来，手表就会及时震动提醒。在你看时间的同时，还可以在智能手表上查看邮件、天气和日程等信息。最早的智能手表的历史可以追溯到1933年，这只表的品牌是"百达翡丽"，仅设计时间就超过三年，制造时间又用了五年的时间。这只手表有24种功能之多，功能也非常强大，现在它已经被珍藏起来，供世人欣赏。

未来的"隐身衣"

看过电影《哈利·波特》以后，小朋友有没有幻想过，自己也能拥有一件与哈利·波特一样的隐形斗篷？当我们穿上这件神奇的隐形斗篷，下次捉迷藏的时候就再也不会有人发现我们啦！我们可以去任何从前不能去的地方，也可以发现以前我们不可能看到的"小秘

密"！可是哈利·波特生活的世界是一个魔幻世界，这也就意味着那件隐形斗篷我们只能在影视剧里和文艺作品里看到，而不能出现在现实的生活中。不过小朋友们，如果我告诉你这个世界上有真正的隐形衣，你相信吗？还有，你知道隐形外衣是怎样隐藏我们身体的吗？

其实，人之所以能看到眼前的物体，是因为物体阻挡了光波的通过。如果有一种材料覆盖在物体表面，能让物体所阻挡的光波"绕道而行"，那么光线就不会受到任何阻挡了。从视觉角度上来说，物体就似乎变得"不存在"了，视觉隐身便实现了。

2004年，日本东京大学的教授制造了一款宽大的外衣，这可不是一件普通的外衣，人们只需穿上这件外衣，就可以隐身。当然，这款名为"隐身衣"的发明并非是真正的隐身，它只是利用"视觉伪装"而让人无法辨明。这款"隐身衣"表面涂了一层回射性物质，衣服前面还安装了照相机。回射性物质可以让光波"绕着走"，而照相机可以将衣服后面的场景由摄影机拍摄下来，然后将图像转换到衣服前面的放映机上，再将影像投射到由特殊材料制成的衣料上。

不久后，美国杜克大学及中国东南大学的科学家也相继宣布，他们也研制出一种可以扭曲光波的隐身斗篷。这种斗篷的运作秘诀就在于它能令光波的路径变弯，这样光波绕过的使用者，就达到了隐身作用。它的设计如果成熟，那么穿着这件斗篷的人都会实现隐身。这种斗篷是用成千上万块细小的特异材料片制成。因为这种特异材料能控制光线的方向，所以才会有隐身的功能。但是这件隐身衣仍存在诸多局限，如果你躲在隐身衣里面，别人看不到你的同时你也看不到外界。

科学家们表示，只要制造出性能更合适的材料，实用的"隐身衣"很快就会面世。小朋友，看来实现能拥有哈利·波特那样的隐身斗篷的日子不会太远啦！

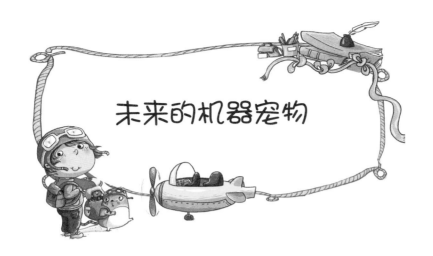

未来的机器宠物

小朋友们，你们喜欢小动物吗？小动物虽然很可爱，但是它们都需要吃喝拉撒，需要人们花时间去照顾它。如果家居条件不适合，父母是不会允许你们饲养小动物的！还有，小动物的生病和走失也是个让人伤心问题。不过在未来，你们可以不用再担心这些了，因为科学家们已经在研究机器宠物，并且经过一步步的实验，机器宠物已经问世了。

在当今社会，智能化的机器人发展，已经能够越来越多的满足人们的基本需要。智能化机器人除了为人类工作，还可以陪人们玩耍，而机器宠物的出现就是人们在精神需求中的智能化转变。

不久前，日本一家公司研制出了一只机器宠物猫，它看上去就像是一只活生生的猫，因为经过了精心的设计，她的外表不是冷冰冰的机器外壳，而是仿真人工皮毛，用手摸上去感觉就像是真正的宠物猫。不仅如此，它的全身还装置了多种听觉、视觉、触觉的传感器，可以帮助它识别主人。只要你摸一下它的头，它就会撒娇；如果你打它，它也会生气并叫出声音。这只机器猫会让你觉得它像真的小猫，如果它想睡觉了或者是想让你抱抱它，它就会用脑袋蹭你的腿，要是它饿了，它也会很急切地叫。当这只可爱的小猫与主人相处久了，它就会牢牢地记住主人的声音和主人呼喊它的名字。

　　和真的小宠物相比，机器宠物有很多的优势，比如它跟你撒娇的时候不会在你身上留下异味儿，对于喜欢小动物却有过敏症状的朋友

们来说这无疑是一个福音，你可以享受小宠物带给你的快乐，却不会承受小宠物带给你的痛苦。机器宠物智能化过程，是在真实的小动物所具有的能力前提下做了更多的发展能力，它可以用数十种声音表现喜怒哀乐，我们也再不需要担心宠物会排泄粪便。如果你总是由于功课太忙而忘记喂饱你的小宠物，我想还是机器宠物适合你，因为你的机器宠物是不需要喂食的。

很多科学家坚信，机器宠物有着非常光明的未来。尽管目前机器宠物不菲的价格让常人无法企及，但也许不久你就能牵着一只机器宠物小狗去遛弯了。小朋友们相信我，实现这个梦想的日子肯定不会太遥远。

机器狗

你听说过AIBO机器狗吗？它是日本索尼公司生产的一款"人工智能机器宠物"。到现在为止，AIBO机器宠物已经发明五代了，每一代的外形不一样，每一代的功能也是越来越强大。最后发售的一款机器狗宠物的颜色有多种，比如有珍珠白、香槟金色、纯黑。样子可爱的它们，也有着却令人咂舌的价格，按目前汇率售价大约在20000元人民币。虽然价格不菲，可是想要拥有它的人却非常多，尤其是它们深受小朋友们的喜爱。

宠物烘干箱

你们知道宠物烘干箱吗？这是一种专门用于给猫狗等长毛宠物烘干皮毛的专业设备，主要是在宠物洗澡或被淋湿的时候，用它来为宠物们快速烘干皮毛的。使用宠物烘干箱的目的很简单：一来可以节省人力，整个宠物皮毛吹干过程全由机器完成，节省了人使用吹风机吹干宠物皮毛的麻烦；二来因为很多宠物对噪音很敏感，所以它们需要一个舒适的环境进行烘干。

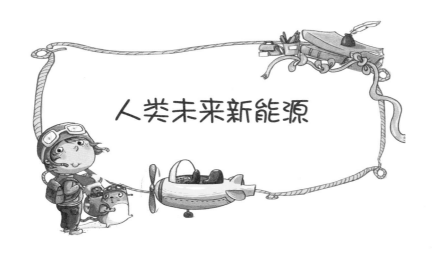

人类未来新能源

小朋友们，你们知道吗？随着社会的高速发展，地球上的能源现在正在被大量快速地开采，它们即将面临枯竭。由于现代社会对能源的需求越来越大，未来的能源非常紧缺，所以在未来，人类会面临着能源危机。如果有一天我们美好的生活失去了能源，那将是一件多么可怕的事情！幸运的是：科学家们已经预见了这一问题的严重性，所以他们正在为能源的可替代性做出努力。

目前在世界上被我们利用最多的能源就是矿物能源，比如我们常听说的煤、石油、矿石等。那么小朋友们，你们知道到现在为止人类已经使用了多少能源了吗？据统计，自有记录的1973年以来，人类已经在地球上使用了5000亿桶石油，大概有800亿吨。按照这个消耗速度，全球剩下的石油只够我们开采40年左右了；天然气资源的命运也好不到哪里去，也只能持续开采50多年。能源资源的紧缺将会是一件非常危险的事情，因此，我们人类对新能源的开发已经迫在眉睫。

我们都知道，矿物能源的弊端是在使用的过程中会造成环境污染，而且矿产资源是不能再生的。石油、煤和天然气等资源正逐渐枯竭，而新型能源的开发十分紧迫，核能、太阳能、地热能、风能以及绿色植物等都是具有代表性的人类新能源。

核能是一种清洁能源，原子弹、核电站都运用了核裂变原理。虽然核裂变已经能够释放强大的能量，但是它的能量却还是远远比不上核聚变产生的能量。裂变会给我们带来一系列的消极影响，比如裂变堆的核燃料不仅会产生强大的核辐射，威胁生物的生存，而且还因为它的废料很难进行处理，对后代的危害也会一直持续下去。但是核聚变则不必担心这些问题，相比之下它的辐射少得多，并且核聚变的燃料可以说是取之不尽，用之不竭。

除了核聚变，太阳能、地热能、风能以及绿色植物等可再生能源也已经异军突起。这些资源都是真正的绿色无污染的清洁能源，所以我们不用担心在使用这些能源的过程中会产生有害物质损害我们的身体或者污染我们的家园。每天照耀着我们的太阳光，就是最丰富、最便捷、最健康的再生能源，它正在成为一种新的能源系统的主流，既可发电又可供热，真正的取之不尽，用之不竭。

这些新型的能源已经在逐渐影响我们的社会，它创造着新的产业，为我们解决能源短缺的危机。科学家们还在苦苦探索，不断潜心研究，希望找出更多的清洁无污染的新能源，推动我们的社会不断向前发展。

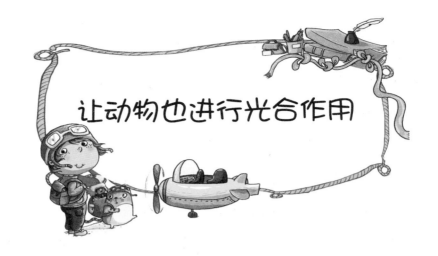

让动物也进行光合作用

小朋友们，你们听说过"光合作用"吗？我想大家肯定都知道植物具有光合作用，可是如果我告诉你，动物也有光合作用，你相信吗？科学家们打破了我们长期以来的固有观念，在未来为我们提出一项新的科学构想。

地球上的生命只有依靠太阳的能量才能够生存，想要捕捉此能量，光合作用是唯一重要的生物获取途径。光合作用是植物、藻类和某些细菌利用叶绿素，在光的照射下，将水、二氧化碳转化为有机物

并释放氧气的生化过程。那么，这个世界上到底有没有能进行光合作用的动物呢？

长期以来科学家认为仅有植物、藻类、细菌和部分无脊椎动物能够利用光合作用，不过斑点钝口螈却打破了这一固有的观点。大家都知道斑点钝口螈的胚胎和藻类有共生关系，以前科学家也认为这只是互利共生。后来，有科学家发现其胚胎细胞内含有叶绿素，这个实例也很好地证明能进行光合作用的脊椎动物是存在的。

经过科学家们的研究，我们已经知道有不少动物可以利用光合作用补充能量，比如热带珊瑚、不多种类的海绵、海葵和双壳贝类等，这些光合动物能够利用光能为自身提供维持生命的能量。虽然这些动物在获取能量的方式上有更大的优势，但以现在的研究来说还存在一定的漏洞，比如如何让光能透过细胞还要防止紫外线侵袭，如何保证其生存在阳光充足、温度稳定的环境中，这些问题都是实实在在存在的，并且还有更多的问题滞缓着科学家们研究的步伐。

如何能够发挥动物进行光合作用的优势，需要解决这一问题还需要科学家们的进一步探索。在未来的某一天，培养的光合动物或许可以帮助我们解决医疗问题。也或许在未来，你的鱼缸里会游着几条光合鱼，这些鱼不需要我们喂食，只需要每天给它们晒晒太阳就够了。

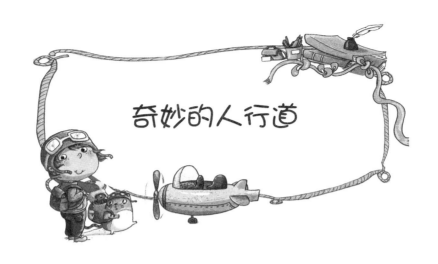

奇妙的人行道

小朋友们，你们知道在人行道上应该遵守的交通规则吗？爸爸妈妈会担心你们的安全，所以他们时常嘱咐你们要注意交通安全，遵守交通规则。可是虽然是小心翼翼，有些交通意外是躲也躲不过去的。

不过在未来的世界里不用担心，因为这些问题将不复存在。

　　有些科学家提出建议，他们希望未来的交通模式是分不同层次的，各层运输系统互不干扰，并且都可以正常高效地工作。科学家的设想是这样的：交通模式可以分为六层，第一层是自动楼梯与自动人行道，是供人们步行的；第二层是自行车车道；第三层是电动车车道；第四层是高速汽车车道；第五层是公共汽车车道；第六层供地铁行驶。每一层次的分工不同，并且每一层次的车辆不能跨越其他车道，这样的设置使得各层次之间平行运行，人们各行其道，减少了人们出行的安全隐患。

　　自动人行道应该设在车站、机场、展览馆等人流集中的地方，它是一种平铺的长条形电梯，自动人行道的原理与自动扶梯差不多，由电气控制系统来控制。乘客们不用担心速度的适应性问题，因为自动人行道的起始速度较低，乘客能够快速适应，行驶一段时间后逐渐加速，之后开始平稳行驶。当有乘客到站，它的速度会逐渐降低，这样

乘客就可以安全地离开人行道

了。这样的自动人行道有很多显而易见

的优势，比如安全性高、噪声低、能源消耗低、

没有尾气污染，政府也不用额外投资建造停车场。使用

自动人行道，停车难和防盗的问题也可以解决，人们不用经常对

它进行维护，也不用经常为其更换零部件。不过现在自动人行车道因

为许多问题，只是停留在研究阶段。

有的科学家提出，可以利用脚下产生的动能，设计特殊的压电

板，使其转化成一种动力能量并加以利用。这样的人行道会更加方

便，人们可以在上面步行或者跑步，产生的能量都被统一进行收集，

用于持续的自动发电，给社区电网输入电力。

小朋友们，在这样的人行道上行走你是否会觉得新奇又好玩？在

节约能源及增加安全度的情况下，科学家们会尽可能地展开自己的想

象和创造力，让未来的世界更加符合

人们的要求。这种未来的科技可能要

很久以后才能普及，但是只要我们努

力，未来就一定会实现。

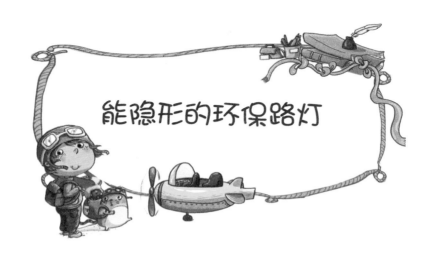

能隐形的环保路灯

小朋友们，天黑的时候你们有没有观察过道路两旁的路灯？或许有一天，在夜晚你将看不到耸立在路旁为你照明的路灯了。不过不用担心，虽然你看不到它，可是它却仍然存在，只不过是跟你玩捉迷藏，"躲藏"在你看不见的地方了。

目前许多城市中的路灯已经摆脱了原始的单纯用电状态，作为未来城市环境的一部分，"隐形路灯"的出现似乎更能体现未来感。"隐形路灯"完全躲到树叶当中，在白天它可

以像树叶一样进行光合作用，将吸收的太阳能转换为电能储存在蓄电池中，晚上就用作照明能源。这些路灯分布在公园里和街道的两旁，它们具有很强的防水功能，同时蓄电池的电力存储容量也非常大，大约是同等大小的锂离子电池的十倍。

如果要建设一座可持续发展的环保城市，建筑师、设计师和城市规划者就必须得提出解决从住房到交通等各种问题的奇妙方案。在未来，许多不生长树的地区，路灯是不可或缺的，这些灯柱能以出人意料的方式工作，它们不仅可以分解吸收土地中的垃圾，还能把废料产生的甲烷转化成电力能源。具体的方法是在照明灯柱的下方准备一个适用的垃圾箱，人们在生活、工作的过程中产生的垃圾都可以放置在垃圾箱内，这样路灯就有足够的能量了。

这是一种低碳环保的新主张，不仅可以得到能源，废弃的垃圾也得到了有效地利用，真是一举两得。

环保理念总是能够给人们启发，为了节省能源，有人就提出了自动亮灯的人行道理念。一旦行人或自行车踏上这种人行道，脚底下事先安装好的灯就会亮起，人走灯灭，也节省了不必要的开支。这种触摸设计，一方面方便行人看清路面，另一方面对过往的车辆也起到警示作用，有利于增加夜间行人出行的安全系数。

小朋友们也可以展开想象的翅膀，发挥奇思妙想，去设计一款适合未来城市的新型路灯。说不定若干年以后，你就可以在自己设计的路灯下散步了。

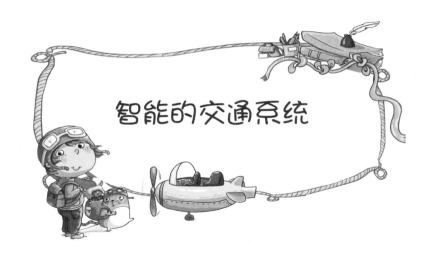

智能的交通系统

　　小朋友们，说到交通系统你们会想到什么呢？也许你会想到行驶在公路上的汽车和道路的交通设施吧！不过它们只是交通系统中很小的部分，未来的智能交通系统就是要对这些设施进行改造，建设一个智慧化的立体交通体系。

　　汽车是现代化社会发展的重要标志之一，汽车的发明大大延伸了

我们出行的范围。汽车不仅在运输业起到不可替代的作用，庞大的汽车业也支撑着世界经济的工业和服务业，对人类的经济发展产生了不可估量的影响。

但是，汽车的发明在推动社会发展的同时，也给我们带来了诸多的问题。比如交通拥堵、环境污染等都已经成为制约社会和经济发展的重要因素。在汽车业快速发展的今天，解决车和路的矛盾、交通和环境的矛盾已经刻不容缓。

要解决这些问题和矛盾，必须要通过智能交通系统的建立。其实，智能交通已经走入了我们的生活，比如城市里红绿灯的控制，路边的电子屏幕上显示出道路拥堵状况，这都是计算机系统的功劳。还有，当我们乘坐公共汽车时使用的公交IC卡，高速公路收费站上不用停车的收费系统……这些都是智能交通给人们带来的快捷、人性化的生活方式。

未来的智能交通系统还应该包括以下几个方面：

车流监控系统。铺设在道路上的传感器和监控摄像头对车流状况进行实时监控，通过它们我们可以清楚地知道哪里交通拥挤，哪条路最为畅通，这样我们出行就更加便捷。

自动信号灯系统。它可以探测各个方向和车道的车流信息，自动调整红绿灯的时间间隔。深夜车流稀少，红绿灯的转换频率可以加快；白天车流拥挤，可以延长红绿灯的转换时间，这样既可以保证车辆的行驶安全，也可以等待红绿灯的转换根据实际的情况做出分析，并调整到最佳模式，对车辆和行人的疏导做到畅通无阻。

空闲车位自动提示系统。小朋友们有没有遇到这样的烦恼，当你和爸爸妈妈进入停车场时，满眼看到的都是车，要快速地找到空车位可真是一个难题，这样不仅效率低下，还会造成停车场道路的拥堵。要解决这一问题，普遍的方法是停车场使用大量的管理人员来进行疏导，可是这样会浪费人力物力财力，不仅如此，大量的人员出现在停车场本身也是造成

拥堵的重要原因。现在使用智能系统解决这个问题方便多了，因为智能车位引导系统和智能寻车系统，它们可以主动地引导客户迅速找到理想的空车位，也可以帮助顾客找到车辆停放的位置。

自助缴费系统。通过车牌识别保证车辆进出通畅，车主可以刷卡缴费，也可以使用现金缴费，这样可以节约大量人力成本，全过程也更加高效快捷。现在类似的自助缴费系统已经在国外的大小停车场广泛使用，相信在不久的将来，我们国家的停车场也会使用这种方便快捷的自助缴费系统，这样在停车场停车的时候就可以很方便了。

智能交通系统是不是真正能够解决现在的交通问题，还需要我们的科学家们进一步的研究和实验。随着社会的进步，人们日常出行的可靠性和效率都有了提高。相信智能交通会很快进入我们的生活，使我们的生活更加美好。

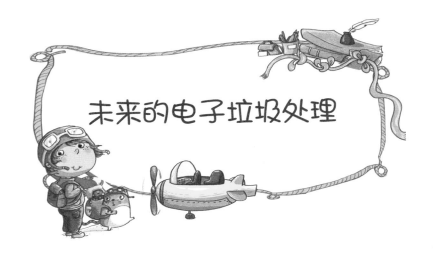

未来的电子垃圾处理

小朋友们，你们使用过哪些电子产品？手机、学习机、电动玩具这些都是电子产品，这些电子产品经过了一定的使用年限后被丢弃，就变成了电子垃圾。我们知道：这些电子垃圾如果直接丢掉会对我们的环境造成很大的危害。那么这些电子产品一旦过了使用期限，又该怎样去处理呢？科学管理这些电子垃圾，是一个很重要的命题啊！

日益增多的电子垃圾会严重地污染环境，随着电子环保法规及相关法律法规的出台与实施，电子垃圾处理技术已经日趋成熟。

一般来说，电子垃圾都由专业回

收机构回收，然后交给有能力、有条件处理的企业进行二次处理。这些企业会对电子垃圾进行拆解和分类，废旧零件分别运往各专业回收利用企业，进行深加工后再利用；有些电子垃圾可以直接被人们所利用，电子垃圾中有用的部分可以做成新型的产品，继续在人们的日常生活中发挥着重要的作用。

科学技术日新月异的发展，加快了电子产品更新换代的速度。同时，这些电子产品产生的电子垃圾日益增长。而随着电子垃圾的日益增多，我们地球上的环境污染也加剧了，生存环境越来越差。如何正确有效地处理这些电子垃圾呢？科学家们提出了各种各样的解决办法。

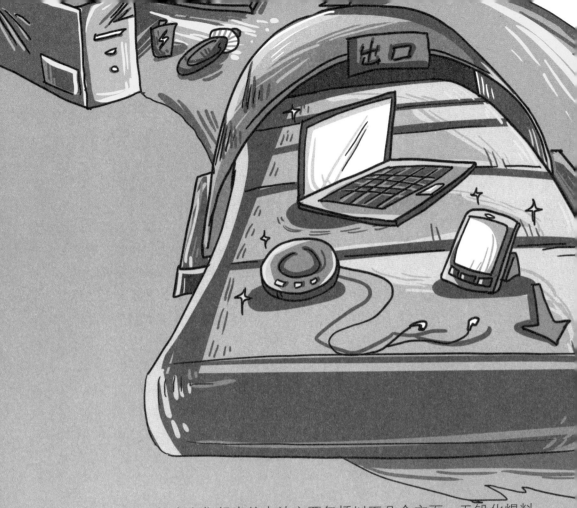

　　科学界的专家们想出的办法主要包括以下几个方面：无铅化焊料和无溴阻燃剂的生产工艺技术；阴极射线屏幕和液晶显示器的拆解、循环利用和处置的成套技术；装备与电子废弃产品的破碎、粉碎、分选及无害化处置的技术；装备、家用电器与电子产品无害化或低害化的生产原材料回收技术；废弃电冰箱与空调器压缩机中含氟制冷剂、润滑油的回收技术与装备设计与改进的生产技术等。

　　怎么样，是不是为科学家们伟大的智慧感到吃惊呀？那么你们也赶紧开动脑筋，积极探索，找出更多更好的解决办法，为保护我们的地球贡献自己的一份力量吧！

电子垃圾

电子垃圾，就是指废弃的电气或电子设备，主要包括家用电器、计算机和移动电话等通讯电子产品的淘汰品。电子垃圾的处理需要特别的关注，因为如果处理不当就会对环境造成非常严重的污染，对人类的健康造成非常严重的损害。随着经济的发展和科技的进步，我国的家电更新换代也进入了一个高峰期，产生的电子垃圾也越来越多。一般来说，电子垃圾不能够通过焚烧处理，因为里面包含的重金属会随着地表水渗入到地下，造成土壤和地下水的严重污染，间接地对我们的生活环境和人类的健康造成危害。如何变废为宝，更好地处理电子垃圾，仍然是科学家们需要继续研究和攻破的难题。

如何处理电子垃圾

电子垃圾需要被正确的处理，如果处理不当不仅对大自然造成很严重的污染，同时也会损害人们的健康。现在许多电子垃圾仍然是用最原始的方法进行处理的，这是不正确的方法。消费者应该意识到，电子垃圾是含有多种有毒物质的，为了环保，为了地球的绿色永存，为了人类的安全，为了下一代，我们要支持正确的回收处理方法。虽然现在处理电子垃圾不能确保一点污染也没有，不过在我们大家共同的努力下，可以把造成的污染降到最低。

高速便携式自行车

小朋友们，你们有属于自己的自行车吗？如果长时间地骑自行车，会不会感到非常劳累，甚至感到体力不支？你知道自行车的最快速度是多少吗？要是我告诉你自行车的速度也可以跟汽车的速度一决高下，你相信吗？现在虽然做不到，可是在未来，自行车或许真的能够做到这一点。

未来的自行车采用轻质的特殊塑料，这种塑料能使自行车具有流线型的外壳，以减少空气对车体的阻力。

便携性是未来自行车的重要特点。我们都知道，现在常见的自行车即使折叠后体积还是比较大，重量也丝毫不减，非常不方便，携带自行车上其他的交通工具比如公交车或者火车都是比较困难的。但是

未来开发出的便携式自行车，折叠后和笔记本电脑包一样大，无论是作为公交地铁换乘工具，还是放在汽车后备厢，所占的空间都很小，并且重量也会非常轻，携带更是非常方便。

未来的自行车一定是低碳环保的，有科学家已经制造出概念自行车。这种自行车会有一个顶棚，顶棚是一块防雨的太阳能板，既可以保护驾驶者免受日照和淋雨，又能收集太阳能，转化成电力储存在蓄电池中。这个奇特的概念自行车既可以在路上行走，也可以在水上滑行，它甚至还有车载充电站，储存太阳能电力和机械电力，当你骑着自行车的时候，会自动给你的笔记本电脑或移动电话充电，多余的部分会存储为储备电源。

随着全球能源紧张、环境污染的加剧，越来越多的人呼吁使用自行车这种便捷而没有污染的交通工具。未来便携式自行车功能强大，能够和汽车比速度，并且环保又节能，安全性能良好。相信在不久的将来人人都会有一辆属于自己的爱车。小朋友们，这样的自行车你们喜欢吗？

你知道吗?

公路自行车赛

世界上最早的公路自行车赛是1869年从巴黎到里昂的120千米自行车赛。公路自行车赛是一项挑战速度和耐力的运动,在1896年的第一届现代奥运会就被正式纳进了奥运会比赛项目。目前公路自行车的最高时速只有50多千米,而未来的公路自行车速可达100千米以上,能够与汽车一较高低。比赛的时候所有的运动员需要在同一起点线上,然后以先后到达的运动员们的顺序给运动员排名。

自行车历史

世界上第一辆申请专利的自行车是德国人德莱斯发明的。他是一个看林人,每天都要从一片林子走到另一片林子,发明自行车是为了解决路途遥远的问题。1868年11月,由欧洲运来的几辆自行车首次出现在上海,那时候的自行车制造还不太成熟,人只能坐在车上两脚支撑平衡,用脚蹬地使自行车往前走,而那时的自行车也只是一种业余消遣的娱乐工具。到了1915年,20家自行车商店才在上海出现。第一次世界大战结束后,邮电事业的高速发展,使自行车也更加普遍,邮差把自行车作为交通工具,再后来自行车需求激增,最后普及到千家万户。

安全、高速、环保的船

小朋友们，你们知道水上交通都使用哪些交通工具吗？也许，第一个闪现在你脑海中的就是船舶吧？科学家们曾经预测，未来的船舶形式将会多种多样，既有"超高速轮船"、"智慧船"、"绿色船"，也会有超长的"海底隧道船"和"小型航母"。现在就让我们来看一下未来的船舶会是什么样子吧！

科学家认为未来的船舶建造将会向两个方向发展：一个方向是对船的速度性、安全性和稳定性的新探索；另一个方向是引入智能和绿色环保概念。

　　先来说说超高速的轮船，这艘船不仅可以每小时航行50海里，而且它的载货量也不容小觑，能够达到1000吨。这种超高速的船最重要的特点就是兼具速度性、安全性和稳定性于一身，在浩瀚的大海中即使遭遇最恶劣的暴风雨天气，也不能阻碍它的正常行驶。

　　再来说说"智慧船"。"智慧船"之所以叫这个名字，其实就是因为它是一种自动化的船舶，它的根本目的是减少船员，主要是利用

计算机智能化控制船舶的行驶。未来的"智慧船"会向无人船方向发展。智慧船上安装的电脑系统里面储存了好多世界上非常优秀船长的航行经验和技术，在遇到其他船只和暗礁时都能够自动改变航向避免碰撞，甚至遇上更危急的事情它也可以"想"办法去避免。不仅这样，船身上还装有传感器和自动测量仪器，在没有人去操作的情况下，智慧船上的这些高科技设备仍然能够依照人们预先的指令自动测量和调节。

最后来说说"绿色船"。在未来，船舰的必要条件将会是低排放、低污染、高效能和安全健康。我们每个人都要有环境保护意识，因为这将是决定未来船舰的环保度。比如，为了降低温室气体的排放，需要使用高效节能的发动机等。建造"绿色船"目的是为了将人类活动对环境影响减到最小，对资源利用率达到最高。在建造过程中产生的废弃物和有害排放物要尽可能的少，这样可以减少对环境的污染，并节约资源，从而提高制造活动的经济效益

和社会效益。

　　绿色船的兴起代表着传统燃料逐渐退出船舰领域，科学家认为，天然气和可再生能源将是传统能源的替代性能源，它们将被作为更先进的能源并且具有更大的开发潜力。液化天然气、生物燃料、核能都是清洁可再生的资源，与传统的能源相比，这些新能源具有更大的威力，它们将会是今后船舰航行动力的主要选择。

　　未来诞生的这些船舰将会以崭新的面貌来到这个世界，并且为我们人类带来更多好处。当然，科技发展没有止境，通过这些构想，未来的科学家们将会设计出更能满足人们需求、更加先进便捷的船舶。

你知道吗?

海里

按照我国的有关规定，1海里等于1.852千米。但是海里的长度并不是固定的，这是因为地球并不是一个标准的球体。最短的海里在赤道上，1海里等于1.843千米。最长的海里在南北两极，1海里等于1.862千米。

气垫船

气垫船又叫"腾空船"，这是一种新型交通工具，它是利用空气升离水面的，气垫是由持续不断供应的低压气体形成的。气垫船可以水上行驶，也可以在比较平滑的陆地上行驶。气垫船的材质通常是铝合金或高强度的钢材，并且它的动力装置采用的是航空发动机或者高速柴油机等。

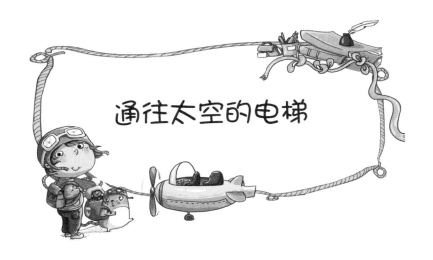

通往太空的电梯

　　小朋友们，电梯在我们日常生活中司空见惯，不过大家乘坐的都是普遍电梯，虽然能够上楼下楼，却没有"上天入地"的本事。如果我告诉你，未来有一天你走进电梯按下上升按钮就到了外太空，你相不相信呢？你是不是感到很不可思议？没错，我说的是太空电梯，有了它，你要在太空旅行的梦想将成为现实。

未来的太空电梯是一种专门向外太空输送人员和给养的装置，它连接了地面和太空城，作为天地间特殊的电梯，将地面上的物资和人员送往太空城，将航天员和废弃物从太空接回地面。

根据科学家的大胆猜想，会有一条千万米长的电缆连接着地球和太空。这条电缆是靠地球转动产生的离心力来固定的，电梯缆线的一头先要稳稳地固定住，然后利用地球自转产生的离心力顺势抛出去，另一头系着的巨大铅坠起着平衡作用。就这样，太空电梯的载人舱就在这条数千万米长的电缆上移动。

可能小朋友们会问，太空电梯是利用什么能源才能运行呢？其实很简单，在未来的太空站里会有专门的设施利用太阳能来发电，这些电力可以保持整个太空站和电梯系统的不间断运作。

科学家们提出，修建太空电梯必须要解决的问题就是要生产出牢

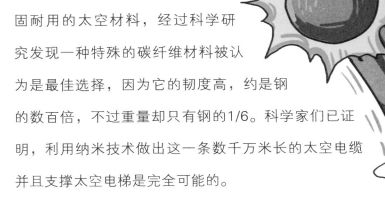

固耐用的太空材料，经过科学研究发现一种特殊的碳纤维材料被认为是最佳选择，因为它的韧度高，约是钢的数百倍，不过重量却只有钢的1/6。科学家们已证明，利用纳米技术做出这一条数千万米长的太空电缆并且支撑太空电梯是完全可能的。

太空电梯如果真正投入建设，虽耗资巨大，工期长，维护成本高，但是建成以后的太空电梯能够产生巨大的经济效益。在未来的某一天，电梯的运输成本能够降低，我们普通人也可以乘坐太空电梯登上太空了。

安全性同样也是科学家们需要考虑且难以攻克的难关，因为耗资巨大，一旦出现事故，造成的成本损失和危害都是不可估量的，但是这并不能阻挡我们人类前进的脚步。面对这些难题，科学家们也并不会望而却步。相信未来的某一天，人们如果想去太空走走，不用搭乘太空船，只需要一部电梯就能圆太空梦了。

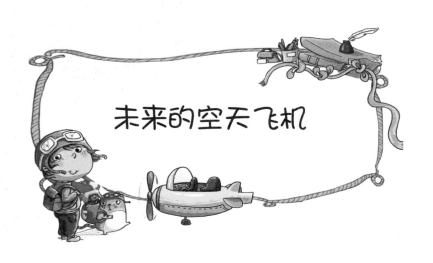

未来的空天飞机

小朋友们，或许你们都坐过飞机，可是有一种飞机你们一定没坐过，那就是空天飞机。空天飞机是什么飞机？小朋友们是不是都没有听说过？下面我就给大家介绍一下，这个空天飞机到底是什么样子的。

空天飞机是未来的一种飞机，它是一种既能在大气层飞行又能在太空中航行的新型飞机，属于航空技术与航

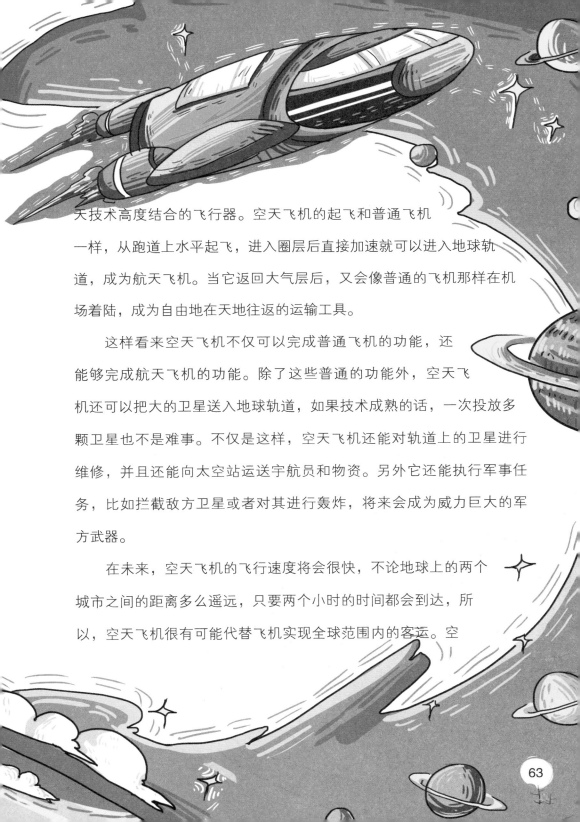

天技术高度结合的飞行器。空天飞机的起飞和普通飞机一样，从跑道上水平起飞，进入圈层后直接加速就可以进入地球轨道，成为航天飞机。当它返回大气层后，又会像普通的飞机那样在机场着陆，成为自由地在天地往返的运输工具。

这样看来空天飞机不仅可以完成普通飞机的功能，还能够完成航天飞机的功能。除了这些普通的功能外，空天飞机还可以把大的卫星送入地球轨道，如果技术成熟的话，一次投放多颗卫星也不是难事。不仅是这样，空天飞机还能对轨道上的卫星进行维修，并且还能向太空站运送宇航员和物资。另外它还能执行军事任务，比如拦截敌方卫星或者对其进行轰炸，将来会成为威力巨大的军方武器。

在未来，空天飞机的飞行速度将会很快，不论地球上的两个城市之间的距离多么遥远，只要两个小时的时间都会到达，所以，空天飞机很有可能代替飞机实现全球范围内的客运。空天飞机继承了传统飞机的优点，与大型客机相似，它的燃料是液氢。在大气层中飞行的时候能够充分利用大气中的氧气，并且它可以重复使用，能够真正实现高效节能的优点。

与航天飞机相比，空天飞机有更多的优势。空天飞机地面设施比较简单，维护使用也更加方便，普通的机场就能实现起飞和降落，并且飞行频率也跟一般航线相同。科学家们预算，空天飞机发射卫星的费用将低于航天飞机的费用，这使得空天飞机在未来的空间发展竞争中处于优势地位。

空天飞机的优势远远不只有这些，它还是未来的军事武器，所以目前各国都想尽快研发出空天飞机。

对于空天飞机的未来，我们大家都很期待。不管它是作为效率高、耗油低、载客量大的经济有效的交通工具，还是作为有重要军事价值的各式各样的军事飞机，人们对航天飞机的发展始终都始终抱有美好的期盼。

你知道吗？

空天飞机

空天飞机的未来发展途径主要有三方面：一是利用大气层中的氧气作为飞行燃料，以此来减少飞行器自身携带的氧化剂的量，这样可以减轻起飞时的重量；二是飞行器可以重复使用，除推进剂被消耗需要定时补充外，其他的任何部件都不会被抛弃；三是起飞和降落更加平稳，场地设施和操作程序更加简化，也可以减少维修费用。

空天战斗机

空天战斗机是空天飞机的一种，它是既能航空又能航天的新型军用飞行器，可以像普通战斗机一样起飞，并且可以以高超音速在大气层内快速飞行。美国X-37B空天战斗机飞行速度为12～25倍音速，可以直接加速进入地球轨道内，返回大气层后又可以像飞机一样在机场着陆。

未来超空间发动机

　　小朋友们，你们知道乘坐航天飞机从地球飞往其他星球需要多长时间吗？在未来，从地球飞向火星只需要3个小时，你相信吗？不用惊讶，超空间发动机的出现会使它变为可能，那时人们的星际旅行将会变得和在地球上旅游一样简单。

　　超空间发动机能够创造一个强大的磁场，身处其间的物体就将进入另一个完全不同的"多维空间"。在"多维空间"里光速将比外面快许多倍，太空船在多维空间里飞行速度将会以令人难以置信的速度飞行。超空间发动机所创造的磁场在太空船飞行结束以后将会被关掉，太空船也将重新回到我们目前所处的三维空间里。

　　超空间发动机如果能够

研制成功，人类将可以乘坐太空船在太空中高速飞行，地球飞往火星的时间只需要3个小时就可以完成，10光年之外的星球飞过去也只需要50天。

　　很多国家的科学家对超空间发动机的研发产生了浓厚的兴趣，他们针对这一理论进行过多次实验，利用特殊装置模拟巨大的磁场以此驱动超空间发动机。只不过现在实验还不成熟，一旦理论证明了超空间发动机的研发的可能性，科学家们将会进行进一步实验，并且进行相关测试。

　　未来的空间旅行真让人期待，因此超空间发动机的应用前景也将是无法估量的。到那时，星际旅行和星球定居将不再只是科幻小说中的情节，它将会真实地发生在我们的生活中。

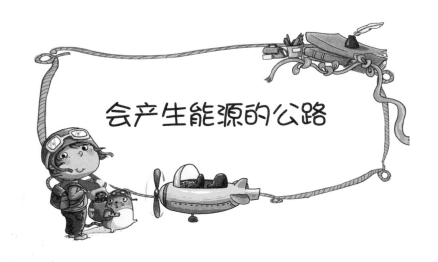

会产生能源的公路

　　小朋友们，你们有没有幻想过我们脚下的公路也会产生能源？经过科学家们的研究，这一梦想完全可以成为现实。在未来，路面将会成为人类解决能源缺口的新途径，并且在未来新能源中一定会占有一席之地。

科学家们所设想的未来公路与现在的公路有很大的区别，它的功能有以下几点：

接收太阳能辐射。我们都知道地球布满了四通八达的公路，它的总长度相比其他交通设施是最长的。科学家们曾设想过，如果把公路路面作为接收太阳能的辐射板，会产生出非常巨大的能量。由于天气因素对它的影响较小，如果在柏油路中夹上导热板和深色太阳能接收板，把接收到的太阳能转化为电能，最后保存下来的电能便可以通过地下电缆输送到各个变电站，最后转化为居民和工厂用电。

因为汽车自身的重力和地球对汽车的吸引力，汽车对路面会有一定的压力，人们可以将压力转换成能源。随着汽车等运输工具的增多，这一资源将会变成令人意想不到的资源。只要公路上有汽车驰

骋，就会有源源不断的能量提供给我们，而且这将会是取之不尽，用之不竭的。

重力转换器安装在太阳能接收器的下面，可以承受强大的重力并且能够将重力势能转化为机械能。当汽车行驶在公路上，汽车的重力势能转化成了机械能，利用电磁感应原理就会把机械能转化为电能，不仅可以供应汽车行驶的需要，同时这些多余的电能也要利用地下的电缆输送到变电站。

设计成弧形的路面可以有效地利用水资源，这些从公路流向两侧沟渠的水有很多的用途，它可以作为旱季时的灌溉用水，在雨季则顺着沟渠被排进江河湖海，也可以输送进工厂进行工业生产。

这样的路面设计听起来很不错吧，但要实现起来还是会有一定的困难的。不过随着科学技术的发展，这些设想最终一定能得以实现。我们一起期待科学家们尽快地解决这一难题，让我们得到更多更好更清洁的能源，把我们的世界建设得更加美丽多彩。

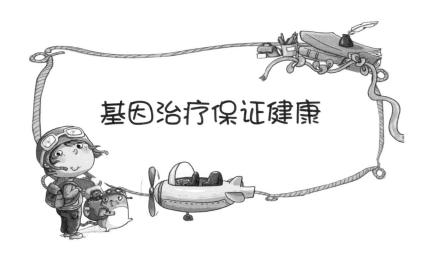

基因治疗保证健康

　　小朋友们，你们知道基因是什么意思吗？你们听说过基因治疗吗？这些名词是不是听起来特别深奥？其实，基因也被称为DNA，很多疾病的产生，都和DNA的异常突变有关。在未来，基因治疗对人类会有很大的贡献。

　　基因治疗是现代医学上发展迅速的一种治疗疾病的新疗法，通俗来讲就是利用基因工程技术来医治致病的基因，或者是通过移植好基因来取代不好的基因来治疗疾病，经过基因治疗，病人可以重获健康。

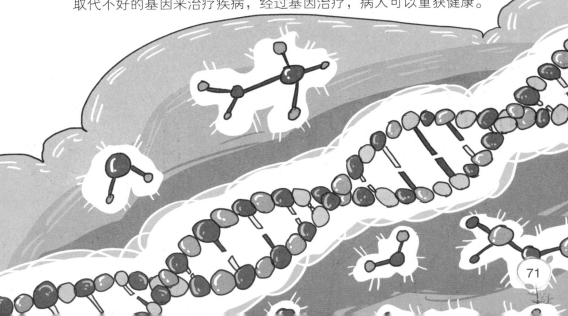

在今天，基因治疗已经取得了重大的进展，科学家们通过提高基因治疗的有效性，同时也降低潜在的副作用，使一些过去传统治疗中很难治愈的疾病也能够治疗成功。根据现如今对基因技术的了解和突破，科学家们也已经研制出新药和有针对性的治疗方案并初见成效。

基因治疗不仅可以对遗传疾病的治疗作出很大的贡献，还可以矫正人们的近视眼或远视眼，通过改变视网膜上的基因来让眼睛的功能变得正常。

未来的时代也可以被称为"基因医学时代"，在未来我们可以通过改变基因来预防疾病，那时候预防的意义会大大超出治疗。如果在疾病发生前就能够判断疾病的发生，并且还可以制定有效的治疗方案，这将是基因治疗的最大意义。

虽然基因治疗在今天还存在着很大的争议，基础性研究也不是非常充分，但是相信在科学家的不断努力下，基因治疗一定会发挥出它巨大的潜力，成为治疗人类疾病的最普遍、最有效的疗法，造福于人类的健康事业。

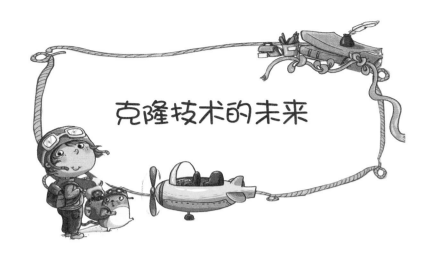

克隆技术的未来

　　小朋友们，你们听说过世界第一只克隆绵羊多利的故事吗？多利绵羊诞生在英国，长得和绵羊妈妈一模一样，性格、脾气和爱好也一模一样。对于"克隆"这个词语你们肯定都不陌生了，因为克隆留给人们的第一印象就是复制。其实，克隆的含义远远不止是这一点，小朋友们，你们想更多地了解克隆的秘密吗？你们想知道克隆技术对我们的生活有什么好处吗？

　　通俗地说，克隆就是复制，更专业一点的解释是利用生物技术通

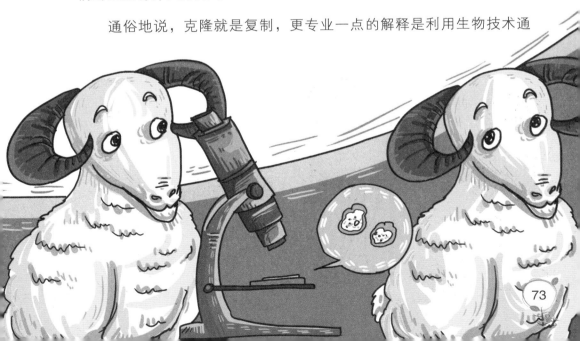

过无性繁殖产生与原生物体有完全相同基因的个体的过程。

克隆技术可以保护珍稀物种，因为人类对地球的污染，生态环境的破坏，一些生物赖以生存的家园遭到了侵占和破坏，这些濒危物种的生存遭受到了严重的威胁，有一些甚至徘徊在灭种的边缘，利用克隆技术就可以防止濒危物种灭绝。

克隆技术在农业生产中也有广泛的运用。科学家们利用克隆技术培育出优质高产的农作物品种，不仅可以提高粮食产量，填补人口增长带来的粮食缺口，培育出的作物品种还具有抗旱和抗病虫害的特点。

在医学方面，克隆技术还可以应用于许多目前没有很好治疗手段的疾病，如用来大量繁殖有价值的基因。例如，科学家正是通过"克隆"技术生产出治疗糖尿病的胰岛素，发明使侏儒症患者重新长高的生长激素，研制能抗多种病毒感染的干扰素等。

利用克隆技术进行器官移植也是医学方面一个重要研究。其实，我们的人体器官就像是机器的零部件，长时间使用这些零部件肯定会

克隆器官

　　磨损。如果是机器零部件磨损坏了，我们可

以再去换一个新的。可是人的器官要是损坏了该怎么办？是否也可

以置换一个新零件呢？根据相同的道理，在未来，科学家们研究的

重点就是如何像更换机器的零部件一样，把人身体上损坏的器官也

更换为新的。不过由于克隆技术的不成熟，器官移植中的排异反应

没有得到解决，这使得今天还没有能力去进行克隆器官的实验。

　　可以预见的就是：克隆技术在未来势必会成为我们生活中不可

缺少的一部分。随着科学技术的发展，克隆技术的应用也会越来越

广泛，在科学家们的努力下，克隆技术会更加成熟。

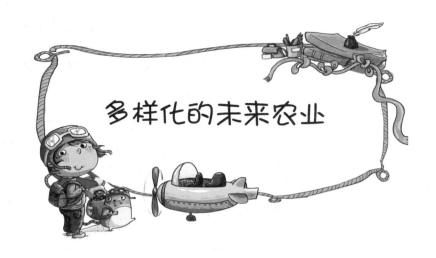

多样化的未来农业

　　小朋友们，我们都知道，平时餐桌上吃的食物都来自于土地。正因为有了农业的快速发展，我们餐桌上的食物种类才越来越丰富。小朋友们你们知道未来的农业将会发展成什么样子吗？

　　当今世界，耕地的面积正受到城市发展的严重威胁。地球上的人口急剧膨胀，而耕地却大量减少，人口与粮食之间的矛盾也正在加剧。为了保护农业的正常发展，每个国家都采取了相应的保护政策，比如对城市发展用地进行严格的审批或者建立专门的农业保护区

域。农业的稳定对国家经济的发展起着至关重要的作用，所以我们必须重视农业的发展。

地球上的耕地是有限的，耕地的不足会导致粮食生产不足，从而导致人类的生存危机。这些危机引起了人们对未知世界的探索和发掘过程，科学家提出把目光投向太空的想法，希望努力地运用科技进步来帮助人们获得新的进展，获得新的食物来源。未来农业的简单定义就是利用太空站和其他有土地的星球培育食品，在太空培育农产品可以缩短农作物的成熟周期，重复收获提高了农作物的产量，而且隔绝了污染，也能够集中种植和培育，建立产品档案也更加规范和规模化。

未来在蓝色的海洋上也将发生一场巨大的农业变革。众所周知，海洋贡献给人类许多食物，同时随着技术的成熟，海洋将会贡献给人类更多的食物。海洋种植和养殖技术的成熟将会在很大程度上缓解由于耕地急剧减少带来的压力，也必将会被用于利用效率更加高的项目。

　　新的农业革命还将会引发生物技术革命，生物技术产业将会反过来引发新一轮的绿色革命。生物反应器、选择性育种杂交、转基因技术的成熟都会提高农作物的产量，科学家们将一年生植物利用转基因技术培育成了多年生植物，这样可以大大减少农作物的种植面积，降低种植成本，农作物的生长周期变短，产量更高。小面积单位的耕地可以提供高产量的农作物，不仅可以节约耕地，还可以保护生态平衡，也能够便于采集、防虫、收割、储藏和运输。

　　或许将来有一天，人类甚至可以利用纳米技术复制食品，现在听起来像是不太现实，可是随着科学技术的发展，复制食品或许不再是天方夜谭。

　　人类的食物问题的解决需要社会各界和全人类的共同努力，未来农业将向着更高级、更完善的方向不断发展。可以预言，这种演变必将大大改变我们的生活面貌。

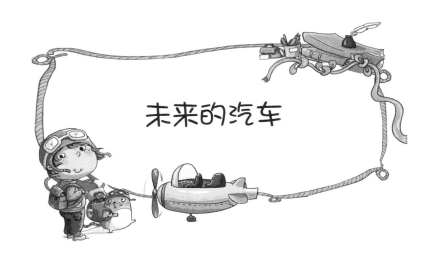

未来的汽车

　　小朋友们，《变形金刚》这部电影你们看过吗？要是你们看过，肯定会对影片中那些汽车人的勇敢所惊叹。未来机器人的灵活自如和智能化在这部影片中被充分展现：他们既可以变成无所不能的机器人保护地球，又可以变成风驰电掣的汽车在马路上奔驰。这部影片肯定会让小朋友们产生疑问，我们现实中的汽车为什么就不能像电影中那样具有能够改变形状的功能呢？

　　科学家预测未来的汽车会被设计

成两栖汽车，既可以在陆地上行驶也可以在天上飞行，两栖汽车将会取代现在的陆地汽车。虽然两栖汽车的外形与一般汽车没有差别，可是在车门的地方会隐藏着一对翅膀，在需要起飞的时候，翅膀会缓缓展开，很快就可以达到设计的要求，执行飞行任务。这种"会飞的汽车"轮胎要比一般汽车轮胎更加耐磨，汽车的整体材质将会采用航天飞机材质，窗户上的玻璃更为坚硬和轻便，有破碎保护装置，同时还能防止辐射，也能够在行进的过程中采集到太阳能并储存起来。

两栖汽车的操作十分方便，只需按下可以展开机翼的按钮，这种汽车就会进入飞行模式。隐藏的折叠翅膀缓缓张开，如同变形金刚一般，变成一架小型的飞机。两栖汽车像真正的飞机一样需要配备全球卫星定位系统、卫星控制技术等高科技装备，这些高端智能科技装备可以让我们放心驾驶，不用担心自己的驾驶技术不过关。

当然，事实胜过雄辩，会飞行的汽车到现在为止还只是科学家们的一种猜想，但是可以肯定的是：未来的汽车是智能化的，或许这种汽车可以用声音控制，或许这种汽车可以通过用车载电脑识别我们的指纹来启动，但是安全性能和设计能力一定是远远超过我们现在使用的汽车的。

　　未来的汽车上会有一块显示屏，它连接着车载电脑，并且根据你的语言控制显示不同信息。司机不用直接看路面状况，汽车前面的摄像头会把经过处理显示的路况信息呈现在汽车的显示屏上——这样可以提高汽车行驶的安全系数，也能避免受到黑夜或不良天气的影响而导致操作失误。

　　想要更换未来汽车的外形？更简单，只需要像换个手机屏保一样，全电脑设计的外形应有尽有，完全可以满足你的需要，即使你都不喜欢，你也可以自己设计。

　　汽车的内饰由纳米材料编制而成，所以不需要清洗。

　　在未来，驾驶汽车可以由机器人代替人类来完成，我们只需要设定目的地，然后坐在后座上等待就可以了。

　　未来的汽车需要清洁的绿色能源作为它的动力。因为随着科技的发展，汽车环保的愿望一定可以实现。如果可以大胆猜想，空气中的废气就可以被汽车的专门装置转化成促使它前进的能量，并且还能净化空气。

　　这样的汽车大家觉得怎么样？是不是你也想拥有一辆？在未来的某一天，你一定会美梦成真！

你知道吗？

盲人汽车

2010年7月，美国弗吉尼亚理工大学的大学教授洪丹尼和他的团队设计了一款盲人可以驾驶的汽车。盲人汽车是为有视力障碍的人设计的、盲人可以驾驶这辆汽车在封闭的环境里自由行驶。这辆盲人汽车经过三年的研究才完成，因为汽车上装有感应系统，所以帮助盲人实现了驾驶汽车的愿望。

无人驾驶汽车

无人驾驶汽车是一种智能汽车，主要是依靠车内的计算机智能驾驶仪来实现无人驾驶。无人驾驶汽车集汽车自动控制、人工智能、视觉计算等多项科学技术于一体，是衡量一个国家科技水平的重要标志之一。早在20世纪70年代，众多发达国家就已经开始研究无人驾驶汽车的技术，并且已经取得了重大突破。我国在20世纪80年代开始着手研究，第一辆无人驾驶汽车是由国防科技大学在1992年研制出来的。

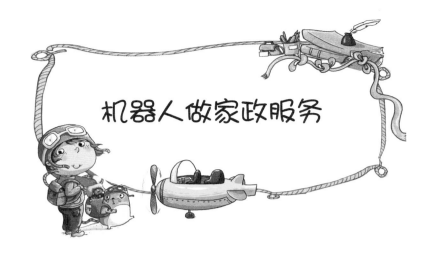

机器人做家政服务

小朋友们，当父母有事外出只留下你自己在家里，有好多大人才能做的事情，而你自己又做不了，遇到这样的情况你不知道应该怎样解决。在未来就不用为这些小事担心了，你只需要按一下遥控器，家里的机器人就会为你去做。这是科幻电影中经常看到的情节，不过随着科技不断地发展，每个家庭都会拥有一个贴心的机器人保姆。

机器人保姆可以帮你清洁卫生，净化空气，帮你做危险的工作，帮你看家护院。总之你能做到的，机器人保姆都会做到。

多种清洁工具被安装在机器人保姆身上，当你向机器人保姆下达命令，它就可以自动工作。比如吸尘器，从它的腹部伸出来一个

圆盘，圆盘的腹部安装了一张吸力很强的"嘴巴"，它会毫不客气地"吃"下垃圾。如果有"嘴巴"吃不到的垃圾，它还会伸出触角，用钳子夹起来扔到"嘴巴"里。

在你的日常生活中，父母可能因为工作太忙而不能时常关心你的学习和生活。这时，这种机器人保姆就可以帮你复习功课，而且如果你生病了，它还会照顾你。另外机器人保姆还可以给你做饭，接送你上下学。机器人的体内安装了一台电脑，机器人的肚子上安装一个液晶显示屏。在没有大人陪伴的情况下，孩子们也可以看动画片、听音乐或者去学跳舞。机器人保姆是孩子们的好伙伴，可以陪伴孩子成长。

机器人保姆还具备身份识别、即时通话的功能，无论你身在何处，都可以通过电脑网络和机器人保姆联络。

机器人保姆还可以为解决未来的老龄化的问题做出贡献。老龄社会中不可避免地出现了老人独居或者空巢家庭的状况，独处的老人会感到孤独和无助，同时因为身体机能的退化，家务的日常料理也成了问题。不过有了机器人保姆的陪伴后，他们可以享受机器人保姆的贴心服务，同时他们可以和机器人交流和互动，就不会感到孤单和无

助，家庭赡养的问题将迎刃而解。

　　小朋友们，你们是不是也想拥有一个这样的机器人伴侣呢？随着科技的进步，现在有些公司已经推出这样的保姆机器人，但是价格昂贵，并且技术不够完善，有很多功能都不能够实现。不过不用担心，用不了多久这样的机器人就能够普及，逐渐地进入寻常百姓家，价格也会处于亲民状态，不会令人望而却步了。

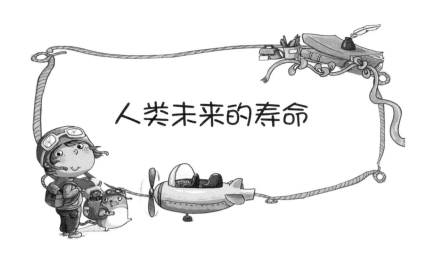

人类未来的寿命

小朋友们，我们都知道现代人类的人均寿命大概为80岁，可是你们知道在未来人类的寿命会有多长吗？现在，百岁老人在我们周围并不是特别的多，所以一旦周围有了百岁老人，我们都会非常的尊敬他（她）。虽然随着科学技术的发展和生活水平的提高，人的平均寿命在不断地延长，可是人的寿命还是有限的，现在我们从人类的基本结构来说明为什么人的寿命会有很多的局限。

人类直立行走的方式给脊椎很大的压力；人类是用肺器官来呼吸的，但是呼吸只利用了肺部的一

小部分，几十年以后肺泡就会衰竭和退化，最后会丧失功能；同时人类享受到一些技术文明的"果实"，也就不可避免地遭遇到车祸或者建筑倒塌等意外风险，这些都影响了人的基本寿命。为了能够把自己的寿命延长，我们不断地寻找能长生不老的秘诀。随着科技的发达，人们发明的很多产品也会对我们的寿命产生影响，比如空调能影响人体的正常代谢，汽车让人体的运动能力相对减弱。

科学家表示：人类遗传基因研究上的重大突破会让未来的人均寿命比目前增加一倍，甚至有研究证据表明：在某些情况下，人类有可能活到1200岁。人体的生物钟控制能力和周期限制是阻碍人类寿命延长的一大难题，不过问题一旦被攻克，人就可以把寿命提高到500岁以上。理论上人类寿命可以无限延长，所以有些人产生长生不老的念头其实在某种意义上也是合情合理的。

人类想要长生不老必须要解决人体抗衰老问题，在理论上基因密码破译可以让人类活到几百岁。科学家指出，定期的医学保养对人寿命的延长也有一

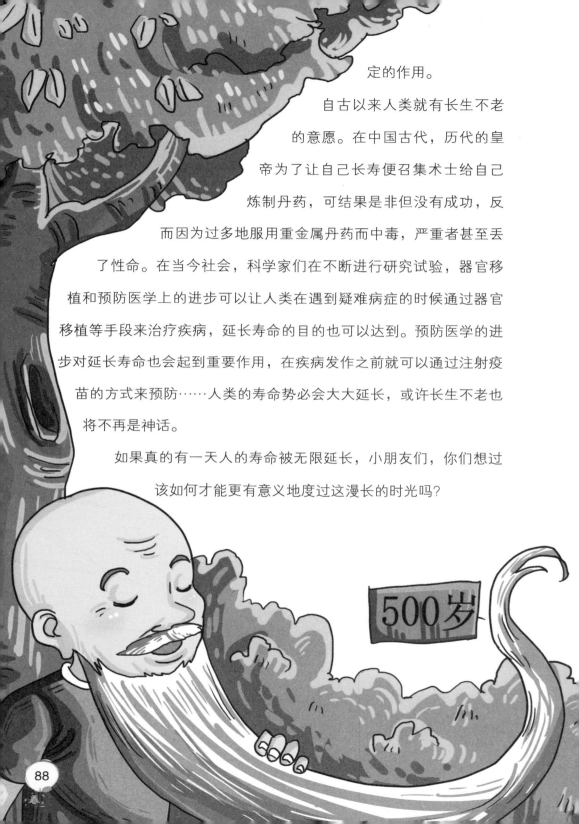

定的作用。

自古以来人类就有长生不老的意愿。在中国古代，历代的皇帝为了让自己长寿便召集术士给自己炼制丹药，可结果是非但没有成功，反而因为过多地服用重金属丹药而中毒，严重者甚至丢了性命。在当今社会，科学家们在不断进行研究试验，器官移植和预防医学上的进步可以让人类在遇到疑难病症的时候通过器官移植等手段来治疗疾病，延长寿命的目的也可以达到。预防医学的进步对延长寿命也会起到重要作用，在疾病发作之前就可以通过注射疫苗的方式来预防……人类的寿命势必会大大延长，或许长生不老也将不再是神话。

如果真的有一天人的寿命被无限延长，小朋友们，你们想过该如何才能更有意义地度过这漫长的时光吗？

500岁

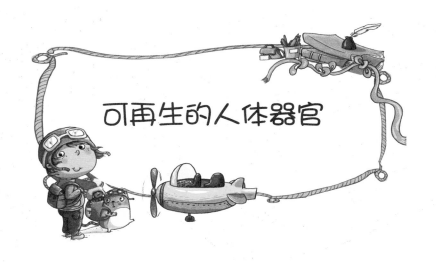

可再生的人体器官

　　小朋友们一定知道，当壁虎碰到敌人攻击时，尾巴会自动脱落。当敌人狼吞虎咽地吃那条尾巴时，聪明的小壁虎就可以趁机逃跑，不久以后它还可以再长出一条新的尾巴。还有一种叫螃蜞的小红蟹，当它的一只大螯被折断后，新的大螯会很快地长出来，这就是动物的再生功能。

　　我们人类的身体器官却不具备再生功能，我们都会羡慕动物的独特本领，可是科学家们不仅仅是注意到了动物的"特殊本领"，他们还研究动物的这种器官再生能力。科学家们为人类的器官重生而进行不懈的努力，现在的虽然技术还不够成熟，但是已经有了重大突破，比如已经能够在实验室培养手指。

　　新手指的培育是在实验室中完成的，首先要从断指上取

骨细胞，经过科学家的培育和塑性，再把长好的手指接到手上。新手指能恢复原先手指的大部分功能，并且也不会出现排异现象。当然，为了安全考虑，科学家们的大多数实验都是对动物们进行的。借助这种器官再生的技术，有人断掉的手指又重新长了出来。

培养原生细胞、重建器官是令科学家们颇为头疼的，也是费时耗日最多的。要是人们手脚折断了也许还能等待，可是要是人的心脏需要更换，那么耗费的时间太久，病人怕是等不及了。

我们都知道普通打印机的原理，而人体器官的再生技术跟普通打印机的原理是相同的，只不过原材料不同。科学家们把人体细胞提取以后，再进行组合排列，所需要的细胞就会被新的"生物打印机""打印"出来。或许未来有一天人类的器官再生模式可以直接"复印"到人体里，这样就不会出现器官排异反应，避免了因为没有合适的器官捐赠者或器官移植后出现排异现象而引发的悲剧。未来的某一天，我们只需要轻轻按下按钮，"生物打印机"就可以"打印"出我们所需要的器官。

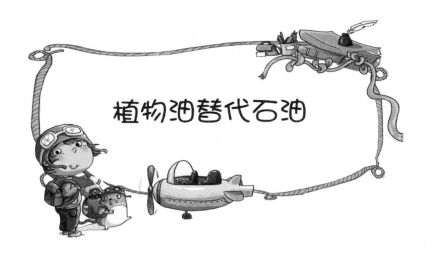

植物油替代石油

　　小朋友们，我们都知道，汽油是燃料，是汽车前进的动力。汽油是从石油中提取的，现在我们周围的汽车越来越多，可是世界上的石油是不可再生的资源，如果地球上的石油被我们开采殆尽，我们又该怎么办呢？植物油是可再生的，可是植物油可以代替汽油，成为汽车的燃料吗？

　　石油作为不可再生资源，随着人们的不断开采而面临枯竭，到时候我们该获取怎么样的能源来进行再生产呢？人们一直都在寻找既充足又价廉的燃料，来替代石油燃料，植物油作为石油燃料的替代品的出现，使得这一设想成为现实。科学家提出，可以用可再生资源替代不再生资源，让可再生资源也能够作为汽车的燃料来使用，这是解决

不可再生资源不足的问题关键。

目前，乙醇作为生物燃料虽然价格相对低廉且环保，但是缺点还是很多的，真正使用起来并不十分理想。植物发酵获得的乙醇，会吸收水分，容易引起氧化、生锈和腐蚀，性能并不是预想中的那么稳定。通过实验证明，植物油制取出的燃油和润滑油性能更佳，对环境的污染也更小。

科学家表示，未来植物油终将替代汽油，植物油和汽油的化学组成结构是一样的，分子都是由烃链构成，但是植物的生物相容性和动力性都远远高于汽油，同时产生的污染几乎为零。还有人提出植物油的应用应该先从生物柴油入手，这样研究比较容易实现规模效益。

可以想象，在未来农民们将也成为富有的油类大亨。他们种植的玉米和大豆可以提取出植物油，并且会代替石油燃料成为工业原料，同时也将成为现实生活中必不可缺的"燃料大军"中的重要组成部分。

有个性的药物

小朋友们，你们生病的时候一定经历过吃药和打针的痛苦吧？吃药会让你觉得苦涩，打针又会让你感觉到疼痛。当你生病了必须要吃药的时候，会不会觉得那是一件很讨厌的事情？不知道未来的药物会变成什么样子呢？它的味道是不是还是非常苦涩？以后就不必为打针吃药而痛苦了，因为在未来，你只需要吃很少量的药就会痊愈。

我们现在的药物都是针对人类普遍发生的病变而调配的，但是人与人发生病变的情况也不相同，所以根据每个人的病变情况具体

配药是以后个性药物发展的必然趋势。

在未来，个性化药物将会普及。很多患者得了顽疾，一般的药物已经不能治愈，于是药剂师可以为你"量身定做"个性化的药物来满足你的身体需要。设计的个性化新药是基于人类的基因理论，利用人类基因组图，通过计算机设计个性化新药，适合患者的药物会更有疗效，对人体的副作用也更小，价格也相对低廉。科学家们将提取患者的基因进行备案，针对其病变部位找出适合的特定药物，减轻药物不足或者药物过量给患者带来的痛苦。

科学研究证明：我们身体之所以会得疾病，是因为基因缺损。未来的个性化新药可以修复人体中缺损的基因，更有效地破坏病毒基因结构，使之失去活力，凋谢并死亡。专家采集了患者的基因数据，根据这些数据调配最有效的药物，同时还可以提供最合适的治疗方案。

计算机不仅可以设计制作个性化的新药，还可以模拟人体对药物的反应，新药研制的时间和成本都大大降低。所以，如果我们的身体患病，制药厂会为我们配置专门的个性化药物，那样我们吃很少的药也能够有显著的疗效。

未来的高科技图书

　　小朋友们，还记得哈利·波特在魔法学校里看的一种类似电脑屏幕的图书吗？它和我们平时看的书本的外观是一样的，但是图书上面的图像都是可以播放的影像（就像看电影一样），是不是感到特别的神奇呢？或许未来的某天，这样的图书就真的出现在我们的生活中。现如今，在我们生活中电子图书已经很常见，它在阅读的世界里占有了一席之地，可是还有个问题，未来我们是否仍需要翻页读书？

　　和我们目前看的电子杂志一样，未来的图书是装在内存里面的，通过液晶屏幕就可以进行阅读，只要你点击屏幕，就会出现你要看的内

容，并且能够自动翻页。它又和我们的纸质图书一样，你可以拿在手里不断翻页，每一页都可以显示在液晶屏幕上。这些全新的科技进步，对于一直青睐于纸质图书的爱书者来说，也许是一个全新的突破点，出现可以翻页的电子书无疑是他们的福音。

这种图书的材质是胶片一样的纸和塑料，一张胶片纸就是一个屏幕，屏幕上的影像是特殊的墨水。一本书里可以夹上百页这样的纸，再用封皮包裹上，这就形成了一本书。这本书里面的内容是可以经常更换的，并且它也像一本普通的书，人们可以随意翻阅。

读报也是一样。我们想看到的信息是通过电路传输到像小报尺寸一样的胶片纸上，而胶片纸固定不动，但是上面的消息和新闻却不断更换，每天都可以看到不一样的内容。虽然是高科技的图书，但是一切还是按照报纸和杂志的印刷规则操作的，这张

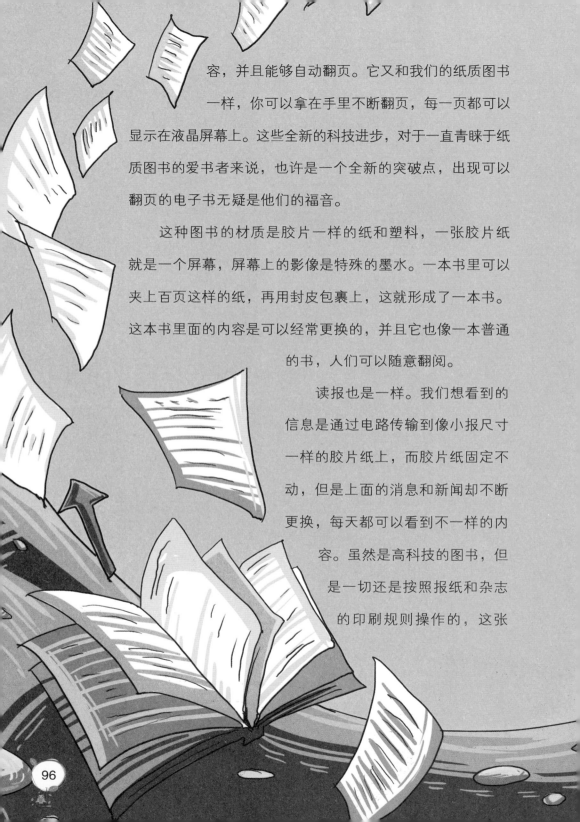

"报纸"可以持续使用，你不必担心像纸质的图书那样还要不断更换封面。这种图书是用数字化的墨水印刷的，图书里面有像胶片一样结实的纸，所以非常便捷，也极易翻阅。如果你想看电影，也可以用未来的图书连接无线网络，你可以在网络上选择自己喜欢的电影然后慢慢欣赏，甚至还有戏剧、舞蹈、音乐录像等在上面展现。如果真的能够实现，你的业余生活就会变得十分的丰富，随身携带图书，就可以随时进行阅读，它不仅是图书，某种程度上也是电视屏幕，我们在移动的影像中读取文字就是再轻松不过的事情了。

谁说鱼和熊掌不可兼得？这样的书既能够满足那些偏爱翻书页一族的爱好，又能够满足喜欢屏幕阅读一族的需要，通过数字化的墨水印刷，在同一本书中会满足上述不同阅读者的偏好。小朋友们，你们也希望自己拥有一本这样的高科技图书吗？也许在不久的将来，我们每个人都会有这样一本书——到时候我们的书包里只需装一本书就可以满足我们的全部需要，而我们需要学习的知识也都储存在这本高科技图书里呢！

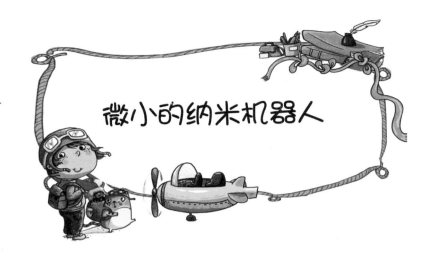

微小的纳米机器人

　　小朋友们，我们都知道机器人可以帮助人类完成很多事情。可是我们见过的机器人都是体积较大的机器人。还有一种机器人身材十分娇小，他们躲在我们的肉眼所看不到的地方，同样的为我们的学习和生活服务。虽然它很微小，不过它的本领却非常大，也可以帮助人类完成许多我们完成不了的事情。这种机器人叫作纳米机器人，科学家们设想，这样的机器人在未来一定会大量地出现在生活中，为我们解决各种各样的难题。

　　科学家们已经制造出了适用于人体的"纳米细胞"，"纳米细胞"是组成纳米机器人的重要零件，这种细胞可以将燃料转化为能

量，而且还可以按照储存在DNA中的信息来建造和激活蛋白质和酶，通过对不同物种的DNA进行重组，来生产医用激素为人们造福。

　　未来的纳米机器人只有分子大小，我们的肉眼是看不到的。它将深入到人们的日常生活中，并且为我们做各种事情，比如制造钻石、维修舰艇等。科学家们想要创造出真实的、可以工作的纳米机器人，听上去很简单，可是要实现这个想法并不是一件容易的事情。虽然纳米技术在理论上可以构造所有的物体，但是真正实现起来却很难，而且会有比较长的实习和修正期。

　　纳米机器人虽然很小，但是要知道"麻雀虽小五脏俱全"，它的微小手指可以精巧地处理各种分子，微小头脑指挥微小手指来进行精密操作。微小的手指是用碳纳米管制造的，它的强度连钢也无法比拟，但是它却比头发丝还要纤细。机器人的头脑部分可以用DNA制造，这样和人类更加接近，生物相容性也更加的好。用适当的软件和足够的灵巧性进行武装的纳米机器人可以构建任何物质。

　　在未来，纳米机器人可以作为人体的"清

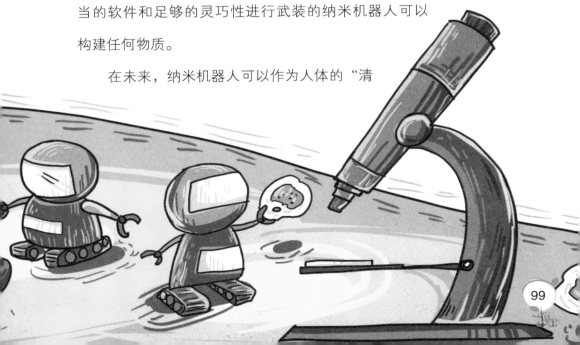

道夫"，它可以被放置在人体的血液中，处理血液中的有毒废物，也可以放置在人体内脏中，吞噬掉坏死部分，然后分解出健康的细胞，让坏死的肌体重新爆发出活力。纳米机器人在得到指令后能够复制它们自身，一个纳米机器人便可以复制出两个，两个复制体又能够复制出四个，随后会越来越多……亿万个纳米机器人便产生了。

科学家还不能忘记为这样的复制设置停止信号，否则永远不停地复制下去将是一场巨大的灾难。科学家可以设计一种软件程序使纳米机器人在复制数代后自我摧毁，或是设计出只在特定条件下才会开始复制的机器人。这是一项让人期待的科学研究，小朋友要努力学习，让我们一起把这一设想变为现实。

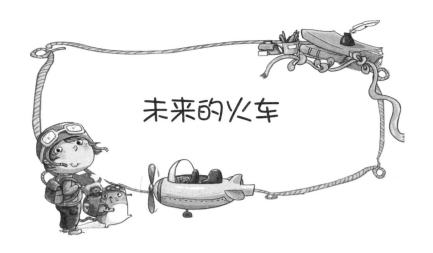

未来的火车

　　小朋友们，你们乘坐过火车吗？火车是人类快捷的交通工具之一。1804年，世界上第一台蒸汽火车诞生，随后火车成为越来越重要的交通工具，到现在已经有两百多年的历史。可是你们知道现在世界上能跑得最快的火车是什么样子的吗？你又知道未来的火车将会是什么样子的吗？

　　科学家们表示，未来的火车将会在太阳能隧道中穿行，这种火车的能源来源于隧道顶上铺设的光伏电池板。光伏电池

板铺设简单、工期短、成本低廉、维护方便，属于性价比超高的发电设施。"太阳能隧道"所产生的电力可以按需分配，既可以将其用于驱动火车，又可以为车站空调及照明等所有电气设备供给电力，多余的部分还可以储存起来打包备用。在铁路线沿途的空地上也可以设置发电转化装置和储备系统，这些电量可以输送到周边地区，弥补电量不足的缺陷，运转这些设备的燃料是免费的太阳能，这就大大节省了能源，同时也没有污染。

未来可能会出现海底列车，火车在海底修建的隧道里奔驰，通过海底隧道把各个国家相连起来。不过要实现这一愿望，最重要的还是安全问题的解决。

在未来不只是会出现海底火车，还有可能会出现飞翔的火车。科学家们提出了这一概念，不过它并不是像飞机那样飞翔在天空，只是与地面铁轨保持一定的距离，贴近地面超速飞行。飞翔的火车跟现在出现的磁悬浮列车并不相同，它的飞行速度将比现在的磁悬浮列车快得多，能够带给乘客真正飞翔的感觉。

和飞机相比，它的优点是安全系数大幅度提升，它可以不受大雾、雷电、大风等恶劣天气的影响，人们也不用担心坠机的危险。除了这些，噪音污染等问题也可以改善。

科学家们还有一个关于未来火车的构想，那就是"真空火车"。在真空环境下，火车可以以超高速的速度运行，而且只需要很少的电力能源消耗。传统的火车会受到空气的阻力，但是真空列车因为在真空中行驶，将会消除空气对车体产生的阻力。火车将置于一个全封闭的真空管道环境内，在计算机的控制下，根据速度自动控制管道内的真空度。没有阻力的火车飞驰起来，速度是非常惊人的，而且没有一丝噪音，也不会造成交通事故。

这些未来各种火车的构想，都将使我们的出行变得更加安全、快捷。在不远的将来，科学家们就会把这些设想都变成现实，为我们的未来提供丰富多彩的出行选择。

 你知道吗？

第一列轨道蒸汽火车

康瓦耳的工程师查理·特里维西克设计了世界上第一列可以在轨道上行驶的蒸汽火车，这列火车有四个动力轮，在1840年2月22日试车成功。蒸汽火车在空车时时速可以达到20千米，而在载重时，时速只能达到8千米。中国第一列火车建在清朝光绪年间，不过因为铁路建造的距离与清朝皇室东陵太近，后来被禁止使用蒸汽机火车头，而改用骡马拖载。中国第一条自办铁路是天津到唐山的一段铁路，被称为"津唐铁路"。

摆式列车

摆式列车是一种车体转弯时可以侧向摆动的列车，摆式列车能够在普通路轨上的弯曲路段高速驶过而无须减速。世界上第一列摆式列车是1972年在美国出现的，随着技术的逐渐成熟和逐渐普及开来，现在我们乘坐的火车都包含这种技术。我国自主研发的摆式列车牵引动力车于2003年通过评审，它是由大连机车车辆厂研制成功的。

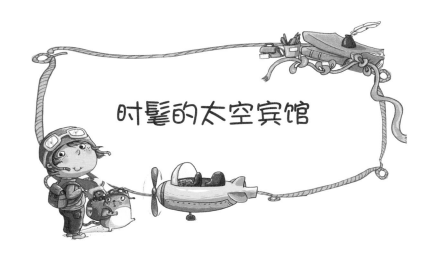

时髦的太空宾馆

小朋友们，如果你们突然有了能够到太空中旅行的机会，你们是否想在太空轨道上多停留几天？在不算遥远的未来，满足你们这一要求将变成非常容易的事，因为根据科学家们的设想，将要在太空中建造太空宾馆，让每一位旅行者都能够安全地度过旅行期。

未来的太空宾馆提供的服务跟我们现在的宾馆是一样的，只不过

太空宾馆的地点是在太空中，服务也是在太空中进行的。太空宾馆可以为太空游客提供普通的客房、餐饮和酒吧等服务，除此之外还可以提供给游客太空观光和体验失重的特殊服务。

太空宾馆有一个设备完善、功能齐全的太空观赏大厅，可以从舷窗向外观看美丽的地球和每隔数十分钟出现一次的日出和日落。小朋友们，想想看这将是多么美妙的感受！科学家们设想周密，不会忘记游客是在失重条件下观看美景的，他们会在窗户周围设计出特殊的设备，用来固定每个游客的身体，保障游客的安全。

在太空宾馆内是不用穿舱外活动航天服的，当然也就不用携带那些笨重的供氧设备，这样才能更真切地体验到航天员在太空中漂浮的感觉。太空宾馆内还可以设计人工重力游泳池，圆筒形的游泳池内水和空气是分开的，不过在中央的是空气，水会分布在周围。想一想这

样的情景是多么神奇啊！

　　要想让游客能够在太空宾馆内停留较长时间，整个宾馆必须旋转，因为只有旋转才可以给宾馆重力，保证游客的舒适性和类似地球的生活环境。在条件允许的情况下，太空宾馆会提供定制菜单服务，游客可以根据自己的需求来点食物，平时也可以享受品种繁多的自助餐。

　　在未来，太空宾馆内的服务人员将全部由机器人来担任。如果你需要什么，只需要按下手中的按钮就会有机器人服务员替你完成。宾馆内的设施都是未来智能化的结晶，不需要太多的操作就能得到你想要的服务，如果你对设计的服务不满意，还可以定制个性化的服务。

　　这样的宾馆不错吧，去一趟太空如果不在那里多逗留几天是不是太可惜了？因此太空旅馆的理念满足了我们太空梦的需求。

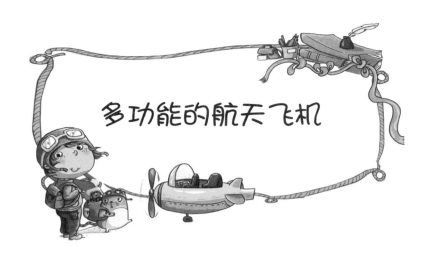

多功能的航天飞机

小朋友们，你们知道那些去外太空探索的科学家们所乘坐的航天飞机吗？在未来的一天，或许你能像坐飞机一样坐在航天飞机里开始你的太空之旅啦！在未来的太空探测规划中，作为近地的载人航天器，航天飞机的发展将是非常重要的一环。

为了使航天飞机平民化，降低成本将会是未来航天

飞机发展的重要趋势。科学家们正在致力于研究一种小型的航天飞机，它的体积比现在的航天飞机小得多。因为采用的是混合动力系统，所以未来的多功能航天飞机可以携带更多的航天人员和必需的物资，功能更加强大。

现在的航天飞机在起飞时都是垂直的，安全性并不能百分之百的保证，科学家们表示未来将改变这一状况。在未来，多功能的航天飞机可以在一种磁悬浮轨道系统上弹射到太空中去，这种轨道弹射模式加强了安全性，在飞行过程中可以灵活自如地改变轨道，在飞行中发现问题可以安全返回。

未来的航天飞机将变得像今天的普通飞机一样"飞入寻常百姓家"，你或许能和你的家人一起坐在航天飞机上，在太空中度过一个美妙的假期。

你知道吗？

航天事故

历史上航天事故已经发生了多起，可是这并没有让人们停止征服太空的脚步。历史上最惨烈的航天事故发生在1986年，美国"挑战者号"航天飞机因为助推火箭发生故障在天空中爆炸，舱内的7名宇航员全部遇难，其中还包括一名女教师。这次事故直接造成了经济损失12亿美元，航天飞机也停飞近3年。为什么事故没有幸存者呢，因为航天飞机根本就没有设计逃生系统，在发生事故的时候任何人都不能逃生，这就造成了巨大的悲剧。希望科学家们研制航天飞机的时候对逃生设施进行完备，以保障航天员的生命安全为前提。

航天运输工具

到目前为止，有三种运输工具可以帮助国际空间站的工作人员进行物资补充和人员替换，它们分别是载人飞船、货运飞船和航天飞机。宇宙飞船是载人航天器，它只能够一次性使用，造价高昂；但是航天飞机可以重复使用，相对便宜很多；人造卫星是无法载人的，它的用途是用于科学探测和研究，因此价格上还是有优势，但是即使这样，它还是有不菲的成本。

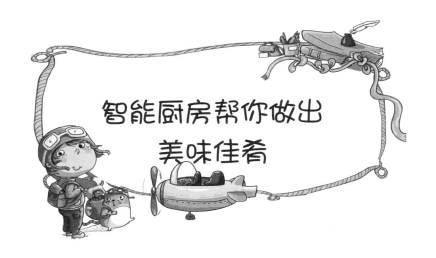

智能厨房帮你做出美味佳肴

小朋友们，基本上每个家庭每天会做三餐饭，还要大致定点定量，并且花样还要不断地翻新，一般情况下这些工作都是由家长或者保姆为我们完成，我们自己动手的机会比较有限。可是如果父母不在家，我们不能够自己做饭，又不想吃外卖，应该怎么办呢？如果真出现这样的情况，确实是个令人苦恼的问题，可是在未来，你

根本不用担心，因为不管你会不会做饭，未来的智能厨房都会让每个人成为烹饪高手，只需要原材料和几个简单程序，美味的饭菜就可以在片刻工夫出现在你的眼前。

随着科技的发展，未来的厨房也会突出智能化的特点。所有的家用电器都要和电脑相连，我们不必亲自动手，只需要对电脑发出指令，这些电器就可以工作了，当然厨房也不例外，里面的所有电器都要通过电脑构成一个网络，简言之就是厨房网。

通过语音控制，厨房里的电器就可以打开。你可以先把电饭锅打开煮饭，同时把原料放在微波炉或者烤箱中，在电脑上选择你喜欢的口味，所有的饭菜就可以在十几分钟内做好了。

你在外面工作不能及时赶回家做饭。这没关系，只要你用电脑遥控下达一个指令，家里的智能厨房就可以工作了。不用担心厨房在没人照看的情况下会出危险，因为各种烹饪锅都有测温装置，这使得烹饪时菜肴不

执行

会炒煳，煮汤时汤汁不会外溢，等你下班回到家中，直接把这些食物盛到盘子里面，就可以吃到可口的饭菜了。当你吃完饭，使用过的餐具可以放到自动洗碗机里，经过烘干和消毒两道工序餐具会被自动摆放在碗柜里。最后，做饭产生的垃圾只需要你轻轻按一个按钮，它们就会被粉碎机自动消灭，半点烦恼都不会带给你，那些曾经令你烦恼的小虫子或者小霉点就再也不会出现在你面前了。

如果你不想吃智能厨房做的饭，想要自己亲自下厨，但是你又不会做饭，这也没关系。智能灶台会根据你的选择为你设计菜谱，并在适当的时候提醒你该怎么做。如果觉得烹饪美食有点枯燥，只要你抬起头来就可以看到电冰箱上的液晶电视。你在烹饪美味的同时，也可以收看喜爱的电视节目，这岂不是一举两得的事？

语音识别可以让你跟灶具进行对话，你站在一旁，语音下达指令就可以掌握做饭的进程和饭菜的美味程度。

智能冰箱不仅仅带有一个液晶电视，还有其他的很多功能。根据你下达的指令，它会自动扫描冰箱的存储情况，并通过网络系统直接发送到你的电脑上。要是食物存量不足，还可以向超市发出需求订单。它还

可以每天都根据冰箱内的食材提供不同的菜谱，帮助你定制个性化的食物；同时还能像你的私人营养师一样帮助你控制体重，平衡营养，提醒你多吃谷物和水果，少吃油炸食品，对于过期的食物还会自动地提醒你丢弃或者销毁。

智能化厨房里可以放一个智能咖啡加热器，咖啡加热器不仅可以帮你加热咖啡，还可以根据你喜欢的口味去自动调配，咖啡里加不加糖，加不加牛奶，它都可以准确无误地进行调配，并且会记住你的需求，你只要选择一次就可以一直按照你的口味进行。当咖啡煮好以后，你会听到你喜欢的歌，那是在通知你去享受美味的咖啡。

未来智能化厨房主要涉及的一些技术有光电技术、遥测感应技术、遥控技术、计算机和自动控制技术、远红外线等。未来厨房将使做饭成为一种娱乐休闲，改变我们的生活方式，也可以为我们节省大量的时间去做想做的事情，甚至，我们还能根据自己的需要和食物的习惯来定制厨房呢。

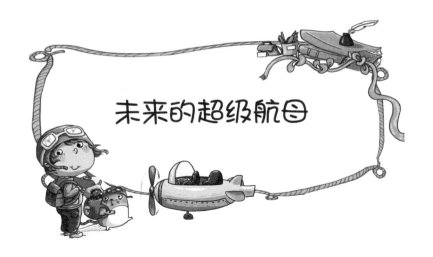

未来的超级航母

　　小朋友们，你是个军事迷吗？对于航空母舰你了解多少？如果要看一个国家的军事实力，一般从航母的数量和质量上就能体现出来。随着军事实力和尖端科技的发展，越来越先进的航母也将出现。你们想知道未来的航空母舰会是什么样子吗？现在，就让我们一起展望未来吧！

　　航母集各种先进武器于一身，是当今世界攻防能力最强大的战舰。不过虽然航母的功能强大但是它的自身也存在很多的缺陷。因为它阵容庞大，所以难以隐

蔽，很容易被探测到，容易成为战机群攻击的目标，而且很容易受气候的影响，要是自然条件恶劣，它的整体功能也会随之降低。最后它的造价和维修费用花费实在是巨大，这也使得很多大国不能配备。

在未来，各种各样的先进航母都会相继出现，那么现在航母的这些缺点是不是可以改进呢？

隐形性是现在军事科技的重要研究方向，而隐形航母的出现将是现在军事科研的一项重大科技突破课题。未来的隐身航母降低了舰体的高度，同时也缩小了体积，外形设计也更加的圆滑，舰身更改了外形，同时上面还涂抹了一种先进的材料，让探测光波"望而生畏"，大大降低航母被雷达发现的可能性。

因为航母携带的电子设备会定时向天空中辐射出电磁能量，这就很容易被敌方侦测到。未来隐形航母的机载电子设备会被重新设计，为了躲避侦测所以尽可能将机载设备放在舱面以下，同时利用隐藏技术，能够更好地躲避电子设备的"追捕"。

　　未来航母将会加强海上派遣和投送能力，作战能力也会提高。在科技的引领下，未来航母会更加强自身的灵活性，不再受自然条件的限制。

　　未来航母采用的是现代化的全电力推进系统，这是一种可以将舰上动力机械能源改成电力能源，并且同时还可以向全舰提供日用和推进用电的综合利用与统一管理的系统。

　　在军事领域和尖端科技的推动下，越来越先进的航母将被推出，这些都在影响着我们未来的安全环境。全世界的人们都希望世界和平，不希望世界发生战争，我们中国人也不例外，但是在非常时期，为了抵御外敌，不受外国人的欺负和侮辱，所以我们必须要发展自己的航母，壮大自己的国家，武装我们的军队。

 **你知道吗?**

中国航母

中国开始想要建造航母的梦想并不算晚，早在1928年，国民党海军署长陈绍宽就提出建造航空母舰的设想，但是直到最近才变成了现实。建造航空母舰已经是中国海军几代人共同的梦想。在2011年8月10日，中国航母平台进行出海航行试验，按计划成功返航。2011年8月14日，改装的苏联航母"瓦良格号"——首艘中国航母返回大连的码头，这标志着我国航母平台首次出海航行试验的顺利结束，中国也成为世界上第十个拥有航母的国家。

航母杀手

航母杀手是指由导弹驱逐舰和导弹护卫舰组成的海军舰艇编队，这些"现代"级驱逐舰是航空母舰的克星。中国自行研制的"东风-21D"是一种中程弹道导弹，可以搭载六颗最终可以达到450千克的弹头，射程可以达到1300千米到1800千米，改进型的"东风-21D"可以打击2500千米外的目标。这种导弹被称为"航母杀手"的原因是它可以射穿航母外层，在进入航母以后再次爆炸，对航母造成毁灭性的打击。

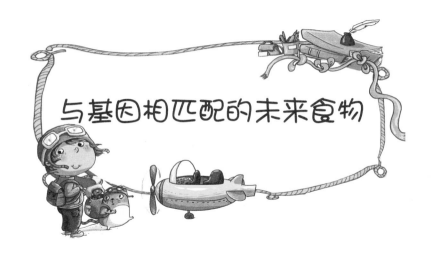

与基因相匹配的未来食物

小朋友们，你在超市里买食品的时候挑选食物的标准是什么呢？是根据食物美味程度，还是根据食物富含营养的成分？还是仅仅因为食物的漂亮包装？未来我们在挑选食物的时候会多了新的要求，那就是我们挑选的食物必须要与我们的基因相匹配。

随着经济的发展和人们生活水平的提高，各种新奇的食品早就已经让人们大饱口福了。所以未来的食品不仅要遵循绿色、天然、无

污染、营养价值高的特点，还要对人类追求健康和长寿有帮助。

　　未来食物不仅在口味上更加美味，在外观上也更加美观，同时营养价值也更加丰富。未来食物会更适合人类食用，也更加方便快捷。绿色食品将成为未来食品市场的主流，合成食品也会占有很大一部分市场。

　　在未来，人造的食品会越来越多，现在我们普遍食用的食品在未来都可以由人制造，动物数量的减少让人们的食用肉类也逐渐减少，不过有了"人造肉"，那就不需要再担心这个问题了。有了人造肉以后，人们就不需要再饲养动物，只要提取动物的肌肉细胞，在容器中培养让其生长，人们就可以得到没有骨头和肌腱这些多余物质的"人造肉"了。

　　在未来，人类不但可以生产"人造肉"，还可以凭借蛋白质分子生产新型的蛋白质食品，比如像汉堡、面包或者其他的新型食品，当然这些人造的科技食品都是经过科学家严格把关的，所以能保证其安全性和营养价值。事实上人造食物除了能够保证食物安全，还可以让

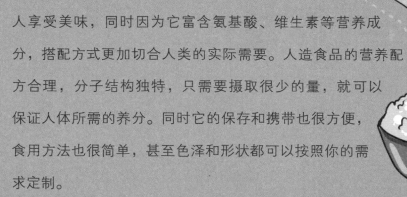

人享受美味，同时因为它富含氨基酸、维生素等营养成分，搭配方式更加切合人类的实际需要。人造食品的营养配方合理，分子结构独特，只需要摄取很少的量，就可以保证人体所需的养分。同时它的保存和携带也很方便，食用方法也很简单，甚至色泽和形状都可以按照你的需求定制。

在未来，食物也将会有个性化的发展。根据自己的饮食习惯，人们可以选择与自身基因类型相匹配的食物。你不需要在人潮密集的市场挑挑拣拣，只需要通过电脑光顾网络上的虚拟超市，就可以订购适合自己的食品，比如，降血压的肉类，富含维生素、抑制癌细胞、富含抗氧化成分的混合麦片，用不饱和脂肪酸烤制出来的面包和低胆固醇的黄油。